永远不要找别人要安全感
改变从心开始

♡ 鸽 衣/著

中国华侨出版社

图书在版编目（CIP）数据

永远不要找别人要安全感：改变从心开始／鸪衣著.
—北京：中国华侨出版社，2015.11（2021.4重印）
ISBN 978-7-5113-5812-7

Ⅰ.①永…　Ⅱ.①鸪…　Ⅲ.①成功心理—通俗读物
Ⅳ.①B848.4-49

中国版本图书馆 CIP 数据核字（2015）第 290086 号

永远不要找别人要安全感：改变从心开始

著　　者	鸪　衣
策划编辑	邓学之
责任编辑	叶　子
责任校对	高晓华
封面设计	一个人·设计
经　　销	新华书店
开　　本	710 毫米×1000 毫米　1/16　印张/15　字数/192 千字
印　　刷	三河市嵩川印刷有限公司
版　　次	2016 年 1 月第 1 版　2021 年 4 月第 2 次印刷
书　　号	ISBN 978-7-5113-5812-7
定　　价	42.00 元

中国华侨出版社　北京市朝阳区静安里 26 号通成达大厦 3 层　邮编：100028
法律顾问：陈鹰律师事务所
编辑部：（010）64443056　64443979
发行部：（010）64443051　传真：（010）64439708
网　　址：www.oveaschin.com
E-mail：oveaschin@sina.com

推荐序
你将会有意外的收获

《将来的你，一定会感谢现在拼命的自己》作者 汤木

　　收到样稿，我最初抱着翻一翻的态度，粗略快速地看了几页，但渐入佳境的感觉越来越明显。于是，我忍不住认真地看起来，一口气将全书看完。最后，我有了提笔作序的冲动。

　　初看本书，我觉得本书确实算不上大家之作，也难以找到瞬间抓住读者眼球的文字，但我被作者字里行间的真情和认真所感动。这是一部励志随笔，包含了鸪衣的某些感悟。在这个浮躁的世界，鸪衣对人世间事情的淡定和洞察力，文字间透露出其内心肩负的对社会的使命感和责任感，这实在难能可贵。于是，我写序推荐的冲动更强烈了。

　　鸪衣是一位热爱生活的年轻的全职太太，却能将旁人眼里枯燥无味的事感悟得丰富细腻。据说，为了把土豆做出6种不同的口味，她用三天时间翻遍了书店的所有美食书籍，用了20斤土豆去尝试。这虽是生活琐事，但看得出她是对生活充满爱的人，是追求个人生活品质的人。对这种有追求的人，我又有什么理由不支持呢？

你用什么心态去看世界，世界在你眼里就是什么样。本书作者用心去观察世界，结果世界在她眼里到处都是惊喜。我有幸在本书出版之前阅读了它，有幸感受到了作者观察世界的细腻和乐观，有幸分享了她笔下的一份份惊喜。当然，我也收获了一个感悟：用心去做一件事，你将会有意外的收获。

广大读者朋友们，你们渴望别样的意外收获吗？用心阅读此书吧！

是以为序！

2015 年 8 月 18 日于北京

自序
我们都应该拥有快乐

看多了飞蛾扑火的遗憾与忧伤，我学会了世故与假装。即便不太喜欢咖啡的苦涩，还是会低调地坐在咖啡厅的一角，以一个优雅的坐姿，聆听人来人往的脚步声。也是在这一刻，我突然发现静止的自己才是最寂寞的。但是，我不想承认我寂寞。

我把自己放逐到陌生的城。背着自己的行囊，在拥挤的人群中，寻找瞬间的感动，以及不容忽视的温度。

因为某种原因，我不战而败，躲到一个小镇，去适应天刚蒙蒙亮时耳朵就被各种各样的声音塞满的生活。不知名的鸟叫声，汽车叫嚣着的喇叭声，对门那对大嗓门夫妇的交谈声，在其中还掺杂着几声公鸡的打鸣声……环境嘈杂了，我的心却静了下来。

我突然发现，自己认为天空塌下来的失败，仅仅只是相对于我而言的，它完全影响不了别人的生活和节奏。那么，我固守的忧伤，固守的理由又是什么？我为什么要任由它打乱我的生活，影响我的节奏呢？我为什么不能像其他人一样，去无视这场失败呢？我不得不思考起这个肤浅又深奥的问题来。

在一个小公园里，我结识了一群打太极拳的老人。岁月是把无情的刀。我仔细观察他们的脸，企图挖掘出岁月沉淀的斑驳之下，那些刻骨铭心的心伤。可是，我发现，虽然他们有的疾病绕身，有的远离子女，有的被老伴撇下，有的还补贴子女还房贷……但是，所有的这些都掩盖不住他们的笑容。

是什么让他们这么快乐？我思考了很久，突然顿悟：纵有万般心碎，也要笑得甜美。此刻，我觉得我看到的世界已经经过了洗涤，树叶绿得很纯粹，阳光很温馨，连沾上鞋上的灰尘也像奇妙的精灵，充满了勃勃生机。于是，我满怀信心地回到了以前的生活：一杯白开水一段音乐，一台电脑一个故事。

我知道，这个世界上很多人有不能开心的理由，多年的理想破灭了，我们用生命爱着的人离开了，我们的信仰得不到理解，我们的付出得不到认同，我们被某个人欺骗、辜负了……但是，这些不能成为我们沉沦、忧伤、自暴自弃的理由，能为我们这种行为痛心的只有爱我们的人，我们有什么权利以爱的名义，带给爱我们的人痛苦？而对于那些放弃我们，从不看好我们的人，他们只会庆幸，庆幸他们有一双慧眼，能在第一时间给他们正确的选择。

既然这样，我们为什么要执着于一件错误的事或者一个错误的人呢？我们何必要被忧伤、失败蒙蔽了双眼呢？我们为什么不改变自己的心态，积极地去看待世界呢？我们为什么不去拥抱快乐呢？

鹄衣
2015 年 8 月

目 录

第一辑　在最深的绝望里，看见最美的风景

你给世界一缕阳光，世界还你一个春天　　　　　　002
生活远比你想象的要宽厚　　　　　　　　　　　　006
感受阳光的温度，你得有颗喜爱温暖的心　　　　　010
有困惑时，拉着亲人的手出去走一走　　　　　　　014
享受人生旅途中的美景，是对自己最好的奖赏　　　018
眼睛也会说谎，你看到的未必是真面目　　　　　　021
你所要做的，是在残酷的世界里优雅地活着　　　　024
抛开面子，也是一种勇气　　　　　　　　　　　　027

第二辑　世界很大，你走出去才会发现世界还有另一种美好

善良是心底最纯真最柔然的地方　　　　　　　　　　　　034

生命从今天才开始，成长却永远没有结束　　　　　　　　038

你所渴望的安全感只能自己给　　　　　　　　　　　　　042

将抱怨别人的那点精力用来充实自己　　　　　　　　　　045

你内心强大了，空气都会敬服你　　　　　　　　　　　　049

世界很大，你走出去才会发现世界还有另一种美好　　　　053

将未来画得美丽才有奋斗的动力　　　　　　　　　　　　056

美丽的花朵，长了虫子也不失美丽　　　　　　　　　　　060

第三辑　让思维转个身，看看另一番风景

停下来驻足而望，也是一种别样的收获　　　　　　　　　064

让灵魂深呼吸，释放一下内心深处的压力　　　　　　　　068

留住心的真诚，那是带香气的灵魂　　　　　　　　　　　071

给自己一段时间，走不过去就退回来　　　　　　　　　　075

没有停不下来的雨，没有等不到的晴天　　　　　　　　　078

聆听自己的心跳，你才知道自己真正的需要　　　　　　　082

弯下腰，给自己制造一个可以昂起头的机会　　　　　　　084

放弃曾经的理想，是因为你如今的梦想已经达到了新的高度　088

第四辑　你不是孤独的一个人

　　将美好的送给他人，你的灵魂也香起来了　　　　094

　　学会欣赏别人的能力，你才能正确对待自己的能力　　097

　　失去是为了给更多的获得腾出空间　　　　　　　　100

　　成长就是明白一个个"为什么"的过程　　　　　　104

　　你的坚持，是对那些嘲笑最好的反击　　　　　　　107

　　想看到真正的天空，就要先从井里跳出来　　　　　110

　　只要信心尚在，天就不会塌下来　　　　　　　　　114

　　把信念装进口袋，卑微也会伟大起来　　　　　　　117

第五辑　失去是因为用错了爱的方式

　　给人一点自由空间，爱需要适当的距离　　　　　　122

　　离开才是最绵长的回忆　　　　　　　　　　　　　125

　　相忘于江湖是至高境界的爱　　　　　　　　　　　129

　　你的背影，我不需要　　　　　　　　　　　　　　132

　　蜗牛的壳再大，也装不了大象　　　　　　　　　　136

　　爱对了是爱情，爱错了是青春　　　　　　　　　　139

　　这个世界，没有完美的青春　　　　　　　　　　　143

　　失去是因为用错了爱的方式　　　　　　　　　　　146

第六辑　最美丽的风景就是连接两点的曲线

放手不是丢人的事，不懂放手的才是懦夫　　152

年轻时的冲动不是罪过　　156

任何时候都要爱自己　　159

人和人之间没有固定的"三八线"　　162

因为做了，所以你没有资格后悔　　166

充满智慧的眼睛，在缺陷中也能发现闪亮点　　169

最后一个出场，其实拥有更多赢的机会　　173

你最喜欢的，不一定是适合你的　　177

第七辑　纵有万般心碎，也要笑得甜美

时间是你的恩人，岁月会淡化伤痕　　182

将同情自己养成一种习惯，你将很难走向成功　　185

即便只是一个人，也要记得对自己说早安　　188

我快乐是因为我是自信的奋斗者　　191

你的自信是最美的风景　　194

无论路多难走，沿着路走下去　　197

当你的内心甜美时，一个人也不孤单　　200

未来在自己手中　　203

第八辑　扬起眉微笑，把痛封存在心底

　　击垮我们笑容的不是别人，是我们自己　　　　　　　　208

　　磨难的另一个职责是制造奇迹　　　　　　　　　　　　211

　　面对险阻，停下来校正方向　　　　　　　　　　　　　214

　　离开了火种，也要让自己燃烧　　　　　　　　　　　　217

　　撑起伞就是一片晴空　　　　　　　　　　　　　　　　220

　　什么都不愿意放弃，才是最大的失去　　　　　　　　　223

　　时间不会许诺未来，请珍惜现在　　　　　　　　　　　226

第一辑
在最深的绝望里,看见最美的风景

有时,我们感觉走到了尽头,其实只是心走到了尽头。再深的绝望,都是一个过程,总有结束的时候,回避始终不是办法,鼓起勇气,昂然向前,或许机遇就在下一秒。几米说过:"我总是在最深的绝望里,遇见最美丽的惊喜。"

你给世界一缕阳光，世界还你一个春天

你给世界一缕阳光，世界还你一个春天，你用一点积极阳光的心态去寻找阳光，最终你整个人都会阳光起来。

"一帆风顺"这个词是不属于这个真实的世界的。在人生旅途上，迎接我们的更多是受伤、难过与失望。那个时候，我们就像敏感的蜗牛，习惯把自己蜷缩在自己的屋内，拉上厚重的窗帘，把阳光挡在外面，似乎只有在没有光亮的地方，才可以把自己深深地藏起来，才可以慢慢地舔舐自己的伤口。我们觉得自己很孤单，觉得自己很委屈，觉得自己很无能，觉得自己很渺小……殊不知，就在这过程中，自信匿迹，自卑来袭。

这个时候，快乐就像屋外的阳光，即使只隔了一层窗帘，也让我们感觉万分遥远。

我们缺少的就是用手撩开窗帘的勇气。

有这么一个很浅显的故事：

花园里有一朵小花，她的花瓣小小的，孤零零的只有几瓣。她很自卑，因为花园里其他的花都比她美丽。她常常低着头躲在暗处，生怕别的花嘲笑她。

这时，一阵清风吹来。她身边的牡丹对她说："小花，别老低着

头,来享受一下风的轻抚,这样会吸引美丽的彩蝶在我们身边飞舞。"

小花摇摇头说:"不,我不行。有你这样美丽的花在我身边,我就是抬起头也没有彩蝶来欣赏。"

牡丹听了,摇头叹息。

这时,一群人走过来赏花。玫瑰急忙对小花说:"小花,快抬起头。这样才能得到人们的赞赏。"

小花深深地低下了头,小声地说:"不,这些人是来看你们的。有我夹在你们中间,也许人们会因为我的丑陋而把我连根拔起。"说着,小花委屈地哭了起来。

牡丹和玫瑰只好挪了挪身子,尽量给她一些空间。可是,小花却惊恐地喊道:"别!别走开,要是没有你们的花瓣挡住我的丑陋身体,我会暴露在人们的目光下,最终会羞愧而死的。"

牡丹和玫瑰齐声说:"如此,即使人们不把你拔起,你也会抑郁而死。"

我们生活中并不缺乏像小花这样的人物,在一次次打击与一次次失望之后,他们就开始本能地排斥阳光,把自己藏匿在阴暗的角落里。

他们消极地认命,承认并接受自己的确不如别人,相信自己没有能力。有了这种想法后,他们就开始自暴自弃,放弃个人的努力与奋斗,听任命运摆布,以各种借口自欺欺人,为自己的失败辩解。更有甚者,因为看不到自己的光明前途而扭曲自卑,开始铤而走险,以错误的方式补偿自己的自卑心理,用极度错误的形式掩盖自己的自卑,而不去想如何抛开自卑心理,为自己争取一条属于自己的阳关大道。

哪怕只有一缕阳光,迎着光走出去,我们也能感受到阳光的温暖。

他极度自卑,因为他是天生的侏儒,身高只有100厘米。

他父亲擅长吉他和电子风琴。受家庭的影响,他在很小的时候,就对音乐表现出浓厚的兴趣。7岁那年,他在电视上看了一场钢琴音乐会,着迷到神魂颠倒的地步,便向父亲提出他也想要一台钢琴。父亲满足了他的要求。

但是,一个手脚无力、行动不便的人,要想学习钢琴谈何容易。每次,他都要依靠别人抱着才能上下琴凳。有一次,父亲刚把他抱上座位后,便临时有事出去了,他一不小心,从座位上摔了下来,脚被摔成骨折。

心疼他的父亲建议他学点别的。可是,他坚决不同意,就认定了学钢琴。无奈之下,他父亲想出了一个办法,在琴上安装了一个特殊的辅助器,使他的脚比较容易牵动钢琴踏板。即使如此,他还是在练琴过程中经常出现意外情况,以至于经常往返于医院和家之间。但是,他却从不放弃,凭着顽强的毅力,近乎疯狂地练琴,而且一练就是五年。

在他13岁那年,一个偶然的机会,他父亲获悉一个剧团急需招聘一个丑角兼配角,父亲觉得他很适合,于是便送他去了。剧团内有一个名叫布鲁内的小号演奏家。在跟他合作几次之后,布鲁内发现他在钢琴方面有着特殊的悟性,就将他推荐给打击乐演奏家洛马诺重点培养。在两位音乐家悉心培养下,15岁时,他推出了第一张个人专辑《闪光》。优美的曲子震撼人心,也轰动了法国音乐界,使他一夜之间成为"巨星"。

第一次公开演出时,他先在台前离观众最近的地方,站了足足3分钟。随后,他笑着问:"都看够了吧?"在全场发出善意的笑声之后,他才开始表演。听完他的演奏,观众被他的音乐震撼了,先是短暂的沉默，继而爆发出雷鸣般的掌声。

事后，有人问他为什么要先站3分钟。他说："很多人是因为好奇，是为看我的身材才来的，先让他们看个够，他们才会仔细地听我的演奏，才能看到我灵魂的高度。"

他就是法国的贝楚齐亚尼，世界钢琴史上最著名的侏儒，一个乐观向上，勇于接受命运挑战，克服身体巨大障碍，奏出人间最美妙乐章的残疾人。他的身材虽然矮小，但他灵魂的高度足以让世人仰视。

贝楚齐亚尼曾因为自身原因而自卑过，但音乐就像窗外的阳光，给了他自信，给了他希望。他努力了、投入了，最终他成功了。

成功是不会轻易放弃某个人的，放弃他的只会是他自己。因为长久面对自己的某些缺陷，或者太关注外界对自己的负面评价，会使人缺乏一种内在的自我价值感，从而觉得自己是无能的、失败的。如果任其发展下去，人就会越来越消极、越来越抑郁。

这时，我们要努力把自己推到阳光下，让自己感受阳光的温度和灿烂。只有这样，我们才能自信起来，才可能一点一滴地积累自信。等到自信足够强大时，我们就会乐观起来，就会觉得这个世界还是充满了希望的。

所以，我们千万不要小看自信的力量。在这之前，我们要做的事很简单：要有点阳光的心态，去拉开窗帘，把阳光放进来。你给世界一缕阳光，世界还你一个春天，你用一点积极、阳光的心态去寻找阳光，最终你整个人都会阳光起来。

生活远比你想象的要宽厚

孤独失意的时候,我们不妨闭上眼睛,告诉自己:生活比我们想象的要宽厚。我们只要坚持一步,再坚持一步。这一步再苦再累,我们也要勇敢地跨出去。因为简单的一步跨出之后,出现在我们眼前的可能就是别有洞天的另一番风景。

每个人都有别人能看见或者看不见的悲伤。别人羡慕你的身材,你却在纠结面颊上的雀斑。事实上,一个人的不快乐,往往是因为你得不到你想拥有的。这是我们很难跨越的一道坎。

很多时候,我们就是因为跨不过自己心里的这道坎,所以开始习惯性地否认生活,认为生活辜负了自己,觉得生活很苦,爱情很累,活着是受罪。这个时候,整个人、整颗心都处在苦痛中,于是,我们学会了哀怨,学会了愤世嫉俗,学会了自暴自弃。

其实,生活没有你想象中的那么无情,它远比你想象的要宽厚。我们喝着饮料纠结我们的生活时,有些人可能从未喝过饮料。所以,遇到问题的时候,我们不要固执地给自己强加太多的负荷,换个角度,宽厚地看待自己遭遇的磨难,眼里的世界就会变得不一样。

有一位穷困潦倒的年轻人,身上所有的钱加起来也不够买一件像样的西服。但是，他仍全心全意地坚持着自己心中的梦想——他想做演员，想当电影明星。

当时，好莱坞共有500家电影公司。他根据自己仔细画好的路线与排列好的名单顺序，带着为自己量身定做的剧本前去一一拜访。但是，第一遍拜访下来时，500家电影公司竟然没有一家愿意聘用他。

面对无情的拒绝，他没有灰心。从最后一家被拒绝的电影公司出来之后不久，他又从第一家开始，进行他的第二轮拜访与自我推荐。

第二轮拜访也以失败而告终。第三轮的拜访结果仍与第二轮相同。但是，这位年轻人还是没有放弃。不久后，他又咬牙开始了第四轮拜访。当拜访到第350家电影公司时，那家公司的老板破天荒地答应让他留下剧本先看一看。他欣喜若狂。

几天后，他接到通知，请他前去详细商谈。就在这次商谈中，这家公司决定投资开拍这部电影，并请他担任自己所写剧本中的男主角。不久这部电影问世了，名叫《洛奇》。

说到这里，估计大家都已经知道这个人是谁了吧？他就是史泰龙。这个故事据说就是史泰龙第1850次求职被拒的真实经历。

任何人都有梦想。只是在沿着梦想走下去的路上，有些人遭遇的挫折多一些，有些人遭遇的挫折少一些。史泰龙也是在经历了1850次失败之后，才发现了生活的宽厚。我们能坚持1850次吗？可能横在我们面前的失败远不止1850次。

所以，在确定一个目标之前，我们要有足够的准备。我们即将面对的压力，可能比我们设想的还要巨大；我们付出的代价，可能会远远超出我们的预知。冲动是魔鬼，退缩亦是懦弱。我们要使自己的心足够强大，不后悔，不放弃，只有这样，我们才能看到最后的美丽风景。

事实上，生活真的比我们想象的要宽厚，只是我们很多人在没见证生活宽厚的时候就放弃了。在沿着梦想行走的路上，没有人告诉我们这条路有多遥远，要花费多少时间，要经历多少苦难，唯一指引我们前行的就是我们的信仰。

他叫金书家，本应是一个快乐的"90后"。但是，他妈妈双腿有残疾不能走动，爸爸有心脏病。金书家从小就很懂事，帮着爸爸耕种田地，帮妈妈做家务，日子即便清苦却也感到幸福。然而，在14岁那年，他在学校上课时，爸爸在田间劳动，突然心脏病发作，一下子倒在水田里，再也没能站起来。

为了生活，大他两岁的姐姐只身外出打工。从此，金书家就一边读书，一边挑起了照料家庭和照顾妈妈的重担。2007年，17岁的金书家考取了县重点中学寿县二中。但是，他去县城读书后，妈妈一人在家怎么生活？他考虑再三，决定到县城读高中时，将妈妈背到学校，一边照顾她，一边读书。一个17岁的孩子将妈妈背出了村，开始了把家背在身上的求学路。

高中三年里，金书家一直是在紧张忙碌的状态中度过的。在一间小小的出租屋里，每天清晨5点左右，他便从睡梦中醒来。起床后，洗把脸，他就匆匆赶到菜市场买菜，接着跑回来洗菜、烧水、做早餐，再把妈妈需要吃的、喝的、用的全部东西挪到她够得着的地方，他才匆匆赶往学校上课。中午还要赶回家陪妈妈一起吃饭。晚饭耗时最长，除了做饭，一天累积起来的家务，诸如刷锅洗碗、打扫卫生、洗刷衣服等都要在这个时段完成，所以，金书家每晚都要在凌晨才能睡觉，每天的睡眠时间仅有四五个小时。

2010年，金书家以584分的高分考取了安徽医科大学。于是，金书家又背着妈妈上大学——一边照顾妈妈，一边求学。也就在这一年，在"心动2010·安徽年度新闻人物"的评选活动中，金书家的网络票数高居前列，被评为"心动2010·安徽年度十大新闻人物"。

　　生活没有给金书家太多的东西——贫穷、残疾的妈妈、早逝的爸爸。但是，他没有被生活吓倒。他说过一句话："只有背着妈妈，和妈妈在一起才是一个家。"他用信念维持着这个家。他经受了多次考验，每次他都以自己的方式扛了下来。

　　生活最后没有抛弃他，而是承认了他。我们也需要被承认，所以我们要努力走下去，即便伤痕累累也要坚持不懈。坚持不懈不是口号，而是我们给予自己的另一个机会，那个机会会让我们见证奇迹的发生。

　　所以，孤独失意的时候，我们不妨闭上眼睛，告诉自己：生活比我们想象的要宽厚。我们只要坚持一步，再坚持一步。这一步再苦再累，我们也要勇敢地跨出去。因为简单的一步跨出之后，出现在我们眼前的可能就是别有洞天的另一番风景。

感受阳光的温度,你得有颗喜爱温暖的心

> 无论走得多快,如果积累的能量不够,那么最终也只能是南柯一梦;相反地,适当放慢速度却能让你更好地感受阳光的温度,能让你在潜伏期摄入更多的能量,为最后的成功奠定坚实的基础。

法国思想家伏尔泰曾出过一个意味深长的谜:"世界上哪样东西最长又是最短的,最快又是最慢的,最能分割成最小的又是最广大的,最不受重视又是最值得惋惜的;没有它,什么事情都做不成;它使一切渺小的东西归于消灭,使一切伟大的东西生命不绝。"

答案就是时间。因为时间宝贵,所以我们总是显得很匆忙——匆忙地求学,匆忙地找工作,匆忙地谈恋爱,匆忙地结婚,匆忙地出人头地……似乎只有匆忙地往前才能体现出我们的价值。在忙碌的人流中,我们唯恐慢一步,与机会失之交臂。

是的,我们匆忙,其实并不是喜欢这匆忙的节奏,只是怕在匆匆赶路的人流中慢了一拍,怕迟了那么重要的一步,因此就会失去很多很多。于是,我们的脚步就不由自主地顺着人流越走越快,越走越快,甚至想超越所有人。

那不是我们喜欢的节奏。我们身处这样的节奏中能快乐吗?忙碌

的时候，我们会忽视这个问题，等到我们冷静下来的时候，会发现成功的路程还很遥远，但恬淡的心境却已失去。"得不偿失"用在这里，也不为过。

其实，我们不妨做一回人流中的滞留者，看着旁人忙碌的背影整理一下自己的思绪，想想自己想做什么，需要准备些什么，已经拥有了什么，还缺少什么。

放慢速度，并不是放弃理想，而是为了实现理想做必要的潜伏。厚积薄发，未尝不是一种捷径。

他学习成绩很糟糕，总是在倒数几名之间徘徊。

整个小学生涯，他都没有特别擅长的科目，以至于今时今日采访他当年的同学时，大多数人对他都没什么印象——他太普通了，成绩也不好。好在有一个同学还记得他——每次考试成绩出来，他的脸上都是阴天。

在小学的几年中，他被生物学深深吸引，甚至在学校养过上千只毛毛虫，看着它们变成飞蛾。这是他给人留下的最特别的印象——只因在当时引起老师同学强烈的反感。

15岁时，他就读于伊顿公学，如愿攻读生物专业——这是他最喜欢的课程。但是，他的生物成绩在250个男学生里排名倒数第一，其他理科成绩也牢牢垫底，他被同学讥笑为"科学蠢材"。当学科成绩是最后一名时，还梦想将来要做这个学科的科学家，这确实让人觉得荒谬可笑。

他的老师加德姆写了一份报告："我相信他有成为科学家的志向，但以他现在的表现来看，这真是万分荒谬可笑。"这位教师还觉得他"无法明白最简单的生物学事实"，继续教他"简直是浪费彼此的时间"。

尽管他的成绩很差，老师也认为坚持下去没有希望，但他自己并没有放弃——他觉得哪怕不能成为科学家，也要满足自己的爱好。

中学毕业申请牛津大学时，他被古典文学研究系录取了。招生主任找到他，跟他说，牛津可以录取他，不过有两个条件："第一，必须马上来上学；第二，你不要学习入学考试的科目。"

也就是说，牛津大学录取他的条件，是不允许他研究生物专业——或许在老师看来，以他的成绩，真的不适合做科学家，不如去学习他所有成绩中看起来相对还不错的古典文学。这或许是老师对一个孩子的关心——坚持固然重要，但错误的方向只会让人离成功越来越远。

但是，他仍然对生物学情有独钟。在牛津大学学习了一年古典文学后，他申请转入生物系，被老师拒绝了，因为老师听闻过他的生物成绩，不愿意让他的加入。尽管不被人们相信，他还是坚守自己的爱好，"曲线"选择了动物学研究——这跟生物学有莫大的关系。

这一次，不仅仅是老师，连一直支持他的母亲也反对他转系。在母亲看来，英国古典文学是出名的专业，放着这么好的课程不学习，选择一个冷门的动物学，还是他成绩很差的专业，简直是一件不可思议的事。

他有点儿倔强，一如既往地坚持自己的意愿。拗不过他的家人，只得放任他去选择。他终于如愿所偿地开始了自己喜欢的科研生涯。此后，他把所有精力交给了生物研究。可是，他确实"太笨了"。一起毕业的同学，有的生意兴隆，有的出版了小说，甚至在生物研究专业的同学也有人做出了显著成绩，但只有他还是默默无闻的，不知道在折腾些什么。

但是，他却顶住了所有的压力，最终在生物学领域"化茧成蝶"。

1958年，在完成博士学位时，他从蝌蚪细胞中提取出完整细胞核，成功克隆了一只青蛙，从而一举成名，被称为"克隆教父"。在牛津读完博士后，他又在加州理工学院完成博士后研究。从1971年开始，他一直在剑桥大学工作。2012年，他以在细胞核移植与克隆方面的先驱性研究成果荣获"诺贝尔生理学奖"。

他就是约翰·伯特兰·格登，曾经最差的学生，60多年后成为公认的同时代最聪明的人之一。

约翰·伯特兰·格登一路上总落在忙碌的人后面，被讥笑过，被讽刺过。但是，这些都没能阻挡他前进的步伐。他的脚步很慢，靠自己收集知识，慢慢试验，从而获得了成功。

这个故事告诉我们，无论走得多快，如果积累的能量不够，那么最终也只能是南柯一梦。相反地，适当放慢速度却能让你更好地感受阳光的温度，能让你在潜伏期摄入更多的能量，为最后的成功奠定坚实的基础。

所以，在必要的时候，我们要让自己的脚步慢下来。我们要相信，放慢速度是为了能更好地感受阳光的温度，慢慢地走，风景在，心情在，成功也还在。

有困惑时，拉着亲人的手出去走一走

> 我们无视过，愤怒过，抱怨过，但是有一天却突然发现：当其他人都离开的时候，他们却义无反顾地留了下来。他们就是永远不会抛弃你的人。

我们的身边可能没有呼风唤雨、无所不能的大人物，或许没有未雨绸缪、临危不乱的智囊团。但是，我们每个人的身边都有这样一些人——可能他们不能给你任何物质上的帮助，他们不会打理时尚的发型，不懂衣服的牌子和颜色的搭配，不会说深奥的道理，不懂得人和人之间的客套，甚至还可能需要我们反过来关心他们、照顾他们。我们无视过，愤怒过，抱怨过，但是有一天却突然发现：当其他人都离开的时候，他们却义无反顾地留了下来。他们就是永远不会抛弃你的人。

美国《国家地理》杂志曾经刊登过一张关于翅膀的照片，感动了无数人。

美国黄石国家公园建立于1872年，是全世界第一个国家公园，位于美国西部北落基山和中落基山之间的熔岩高原上。1988年，伐木工人丢弃的烟头引发了黄石公园的特大森林大火，波及面积达480万亩，包括了36%的公园面积，烧毁面积超过248万亩。大火被扑灭

后，护林员开始跋涉整座大山去查看具体的损失情况。森林里横七竖八地躺着大片被烧焦的树木，有的还冒着轻微的黑烟。突然，一个护林员在废墟中发现了一只小鸟的尸体。奇怪的是，它像雕塑一样直挺挺地站在一棵大树的根部。被这一奇异景象所吸引的护林员用一根木棍推倒了小鸟。

就在这时，3只雏鸟从它们死去母亲的翅膀下钻了出来。护林员被这一景象惊呆了：3只雏鸟躲在母鸟的身下竟安然无恙！可以想象，当时剧烈的浓烟不断向上升腾，这只母鸟敏锐地察觉到了灾难临近，赶忙把它的孩子聚拢到大树底下，藏在了自己的翅膀下面。

其实，这只母鸟本可以安全逃离，但它却没有抛弃孩子。炽热的火焰袭来迅速烧焦了它娇小的身躯，母鸟却始终保持着同一个姿势，坚硬如铁。只要翅膀下的孩子能够活下去，它就已经做好了死的准备。

母鸟的伟大就在于，不管生死，它都不会抛弃自己的孩子。那是超越生死的信念。总有一些人，他们可以毫无缘由地信任你，可以放任外面世界的精彩，可以忽视灯红酒绿的诱惑，可以无视川流不息的人群，他们的眼里，只有你。

只要我们愿意寻找，我们的身边都会存有这样的一个人。我们不要他的安慰，只要他守在我们的身边，走累了，困惑的时候，我们需要一个温暖自己手心的温度时，他便会适时地伸出他的手。

可能，他不会给你提任何的建议，不会说安慰的话语。但，有他在，你的心就能安定下来。

还有什么比这个来得重要呢？有人可以依偎，不是孤独的一个人就好。

一天，一个盲人带着他的导盲犬过马路时，一辆卡车失去控制，直冲过来。盲人被当场撞死。为了守卫主人他的导盲犬也一起惨死在车轮底下。

主人和狗到了天堂门前。

天使拦住他们，为难地说："对不起，现在天堂只剩下一个名额，你们两个中必须有一个去地狱。"

主人一听，连忙问："我的狗又不知道什么是天堂，什么是地狱，能不能让我来决定谁去天堂？"天使鄙视地看了这个主人一眼，皱起眉头说："抱歉，每个灵魂都是平等的，你们要通过比赛来决定谁上天堂。"

主人失望地问："什么比赛？"

天使说："这个比赛很简单，看你们谁先跑到天堂门口，你也不用担心眼睛，因为这是你的灵魂，你已经可以看见了，越单纯、善良的人速度越快。"

天使让他们准备好，说：开始！狗狗本以为主人会为了进天堂拼命地跑，谁知道主人一点也不着急，而是慢慢地走，更令天使吃惊的是，那条导盲犬也很配合主人的步调在旁边慢慢地走着。天使恍然大悟：原来，多年来这条导盲犬已经习惯跟着主人的步伐，可恶的主人正是利用了这一点才胸有成竹，稳操胜券。

天使看到这条忠心的狗，心里很难过，他大声对狗说："你已经为主人献出了生命，你可以选择天堂。"

可是，无论主人还是他的狗都好像没有听到天使的话似的，仍然慢吞吞地往前走，好像在街上散步一样。

果然快到终点的时候，主人发出一声口令，狗听话地坐下了。天使用鄙视的眼神看着主人。

这时，主人笑了。他扭过头来对天使说："我终于把狗送到天堂了。我最担心的就是它根本不想上天堂，只想跟我在一起，所以我才……"

天使愣住了。

主人留恋地看着自己的狗，说："这么多年以来，有它的陪伴，我真的很开心，现在终于可以用自己的眼睛看到它了，我真想多看它几眼。如果可以的话，我想永远看着它。天堂才是它该去的地方，请你照顾好它。"

说完这些话，主人向狗发出了前进的命令。就在狗到达终点的那一刹那，主人像羽毛一样落向了地狱。他的狗看见了，急忙掉转头，追着主人狂奔。满心忏悔的天使想要抓住导盲犬，可他追不上，因为那是世界上最纯洁、善良的灵魂，速度比天使还要快。

这是一个忧伤的故事，也是一个甜蜜的故事。忧伤的是，他们面临痛苦的抉择；甜蜜的是，他们没有互相抛弃。

人一辈子只有短短几十年。事业、工作只是其中很小的一部分。在你困惑不前的时候，不要因压抑、浮躁而影响身边的人。在你饱受煎熬的时候，他们的压力不见得比你的少。这个时候，不仅是你，还有他们，都需要借一双手来取暖。

让我们做先伸手的那个人吧！你一定会发现，那样的感觉真好。

享受人生旅途中的美景，是对自己最好的奖赏

我们要放宽自己的心，善待那段还没有看到光亮的过程。不久以后，当你回眸而视的时候，你会发现，它就是让你站得更高的奠基石。因此，我们善待过程，就是善待自己，就是在准备迎接成功。

每年6月，数百万的学子从考场走出，等待分数揭晓。这段时间，他们焦躁不安，食不知味，夜不能寐。十二年寒窗苦读，其中的辛酸，过来人都能深刻体味。

有人抱怨十二年光阴荏苒，只为交付几张试卷，非常不值。但是，没有这十二年苦读的过程，我们又拿什么在试卷上作答？而且，我们不能否认，就是这十二年的积累，让我们的知识越来越丰富，想法越来越成熟。十二年的过程的确很辛苦，同样，十二年的收获也不容小视。只是我们总习惯描述这个过程中的辛苦，而忘却了辛苦后的收获。

其实，工作也是那样的。在这一过程中，我们在付出的同时，也在获得。工作和学习不一样的是，学习有个高考，在复习的时候，我们可以轻松地知道有哪些内容需要加强，可以简单地算出还有多长时间能出成绩。在工作中，没有人告诉你你的弱项是什么，你现在缺少

什么，你应该怎么做。我们就像盲人摸象一样，小心翼翼地摸过去，不知道自己摸到的是大象的哪个部分，不知道什么时候能摸完，不知道自己最终能不能想象出这只大象。但是，有一点是可以肯定的，只有摸遍了大象，才有可能知道大象的模样。在没摸遍之前，我们只能一遍遍地任由自己跌跌撞撞。

那是我们不喜欢的过程，黑暗，焦躁，感觉不到出头之日。这时，偏巧获知谁又取得什么样的成绩，什么样的成功，我们总忍不住眼红，忍不住想："我一点也不比他差，为什么他能成功，我却不能？"然后，我们就开始寻找那些成功之外的蛛丝马迹，刻意放大那些无足轻重的线索，然后把别人的努力全盘否认，愤愤地把他们的成功归结于运气。似乎只有这样，我们才能找到平衡。

我们过多地关注别人光鲜的成果，却忽视了一个很大的问题，他们也经历了成功之前的这段过程，只是他们经历的，我们没有看到。

有个男孩家里很穷。

他没有显赫的家世，没有漂亮的衣服，没有值得夸耀的一切，所以他非常自卑。在校园里，他总是躲着那些有钱人家的孩子，见到流里流气的人就退避三舍。尽管如此，他也经常被欺负，甚至有时还会无端地挨一顿打。

男孩的天空乌云密布。他的心里郁闷极了，但是，不屈的男孩心里总有一个强烈的声音在不停地发问："我什么时候才能体会到成功的滋味呢？"

学工劳动日来了。男孩跟着老师和同学们到一家食品厂劳动。孩子们的任务是手工清洗罐头瓶子。瓶子都是回收来的，脏兮兮的，不注意的话还会弄伤手指。但是，男孩很兴奋，因为老师宣布开展劳动竞赛，看谁刷的瓶子最多。

他想：我还从未得过第一，今天我得好好努力，一定要得到它。

用心的男孩很快掌握了刷瓶子的要领。他干得特别起劲，低着头，不言不语，不停地刷啊刷。别的同学偷懒时，他在刷；别的同学聊天时，他在刷。他刷了一个又一个。他的手被泡得又肿又胀。他的腰累得又酸又疼，但是，男孩的心里却充满了快乐。

那一天，他刷了108个瓶子，是所有参加学工劳动的同学里刷得最多的。他得到了他生命中第一个"第一"。

这件事成为男孩人生的转折点。自卑的他从此挺起了胸膛，迈开大步向成功跑去。

如果没有这次刷108个瓶子的经历，那么男孩可能不会成功，或者成功要晚很多年。那是"劳动过程"给予他的一个重要转折，给了他自信，给了他勇气，给了他迈出去的动力。

我们只要有一种坚定的信念，我们就会成功的，在美好的结果诞生前，我们要善待过程，去发现追求成功过程中除了辛酸之外的美好。

那不是简单的事情，却是我们必须经历的事情。就像手指上的一根刺，拔出之前，一直在刺痛我们。但是，如果中途放弃了，那我们就得痛一辈子。可能后期我们会因为习惯而变得麻木，但却不能否认刺的存在，碰到它，摸到它，看到它就会不快乐。

所以，我们的目标不是回避过程，而是经历过程，给自己一个最终的答案。

所以，还处在"过程"中的我们，不要皱着眉头去抱怨社会不公。社会没有什么不公，每个人都平等地享有出人头地的机会，关键看个人的信心与努力投入的程度。千万不要把自己的目光一直盯在别人的成功上，因为光鲜的结果都是靠艰难的过程堆砌而成的。

我们要放宽自己的心，善待那段还没有看到光明的过程。不久的将来，当你回眸而视的时候，你会发现，它就是让你站得更高的奠基石。因此，我们善待过程，就是善待自己，就是在准备迎接成功。

眼睛也会说谎，你看到的未必是真面目

眼睛能让我们看见这个世界，但是有时它却只能让我们看到外表，不能看到内在。再让人流连的风花雪月也可能是假的，再让人心惊胆战的怪兽也许只是幻影。我们不能过度地相信眼睛看到的，试着用行动，用我们的心去看待每一个出现在我们面前的问题。

人的一生不可能一直都一帆风顺。在成长的过程中，我们总会遇到这样或那样的问题，会遭遇各式各样的困难。那些困难披着奇形怪状的外衣，让我们无法一眼看透它的真实面容。它就像躲藏在暗处的对手，希望依靠它庞大怪异的表面武装，让我们知难而退。

很多时候，真的会如它所希望的那样，我们真的被它的表象吓住，胆怯了，后退了，失去了前进的动力。在我们慌里慌张地择路而行的时候，它可能已经换了个行头再埋伏在另一个路口，等着我们的到来，换副面孔再把我们吓走。

所以，我们不要一味地逃避困难。困难是逃避不了的。这个时

候，我们要做的不是逃避，而是正视它，不要被它的表象吓住。要知道，眼睛有时也会说谎，它看到的不一定就是真实的。这个时候，我们必须保持积极、乐观的心态，用自己的行动去剥掉它虚假的外衣，看看藏在里面的到底是胖子还是瘦子？

眼睛能让我们看见这个世界，但是有时它却只能让我们看到外表，不能看到内在。再让人流连的风花雪月也可能是假的，再让人心惊胆战的怪兽也许只是幻影。我们不能过度地相信眼睛所看到的，试着用行动，用我们的心去看待每一个出现在我们面前的问题。

从前，有一户人家的菜园里摆着一块石头，宽度大约有40厘米，高度有10厘米。到菜园的人，稍不小心就会踢到石头，被它绊倒。

儿子问："爸爸，那块讨厌的石头，为什么不把它挖走？"

爸爸回答："你说那块石头啊！从你爷爷那辈儿开始，它就一直放到那里。它体积那么大，不知道要费多少力气才能将它弄走。与其没事无聊挖石头，不如走路小心一点。那样还可以训练你的反应能力。"

过了很多年，这块大石头留到下一代。当时的儿子娶了媳妇，也当了爸爸。

有一天，媳妇气愤地说："菜园那块大石头，我越看越不顺眼，改天请人搬走好了。"

她老公回答说："算了吧！那块大石头很重的。如果可以搬走的话，我在小时候就搬走了。哪会让它留到现在啊？"

媳妇心里非常不是滋味。那块大石头不知道让她跌倒了多少次。十几分钟后，媳妇用锄头开始挖石头四周的泥土。

媳妇有心理准备，心想可能要挖一天，谁都没想到只花了几分钟，她就把石头挖起来。这时，她才发现，那块石头没有想像得那么大。原来，他们被那个石头的巨大的外表蒙骗了。

很多困难就像这块石头。因为我们不知道它埋在土里的体积，总是根据目力所及来估测它的大小，以为它会很大，可当挖出来时，才发现它却是如此之小。这不是石头欺骗了我们，而是我们的眼睛欺骗了我们。

这个时候，动手挖的人就会庆幸，幸好没有被它吓跑。而当年吓跑后绕道而行的人却只能后悔、遗憾。

所以，生活中遇到石头的时候，我们不要急于绕过去，而是像故事中媳妇那样敢于挑战，不是以别人说的话来确定自己的能力，不是以眼睛看到的来估测困难的大小难易，而是直接采取行动去对抗、去跨越困难。

要相信，一切皆有可能。当我们对一个事物、一件工作、一个人，甚至是一顿美好的晚餐产生浓烈兴趣的时候，我们就不要被眼前阻挡我们的困难吓退。

面对挑战，我们不能只傻傻地站在旁边用眼睛去估测，达成这个心愿我们要付出多少的时间和精力，或者这样的投入值得不值得。想得太多，还没行动，我们就会被眼睛看到的难度吓住了，然后抱憾终身。

人的一生，时间有限。想的时候，就去做，不要只是用眼睛去看。我们要果断付与行动，成功了是惊喜；失败了，至少也拥有了一个追逐的过程，在以后的日子想起这件事，也不会后悔。

顺从心的想法，聆听心的声音，我们不要单纯地相信眼睛看到的世界，因为眼睛有时候也会说谎。

你所要做的，是在残酷的世界里优雅地活着

> 如果我们冷着脸把报纸甩在别人面前，那样是得不到别人的宽慰的。因为这样的行为举止只能被人鄙视，所以，我们与其把自己的坏心情展露在别人面前，不如在人前展示自己最优雅的一面。

一个人心情的好坏，与外界、自身等因素有着密不可分的关系。心情可能是别人带给你的，也可能是自己带给自己的。没有一个人可以 24 小时保持心情愉悦。但是，即便心情再坏，那也是自己的感受，就算是切肤之痛，旁人也是无法理解的。如果我们冷着脸站在别人面前，那样是得不到别人的宽慰的。因为这样的行为举止只能被人鄙视，所以，我们与其把自己的坏心情展露在别人面前，不如在人前展示自己最优雅的一面。

优雅不是做作，而是高雅的气度。是不浮躁，是自信。

优雅绝对不是小事。它会带给别人一种积极的暗示：我们是有学识、有涵养、有信念的人。没有人能把一个忧伤自闭的人记很久，然而优雅就像一道美丽的彩虹，就算站得再远，只要一眼，就能给人留下最深刻的印象。

一个人那么认为，可能对我们没什么改变。但是，当一群人那么

认为、所有人都那么认为的时候，不自信的我们也会在优雅的步调中走出属于我们的自信。

许多年前，一个小姑娘从遥远贫穷的美国乡村应聘到纽约市第五大街的一家女服裁缝店。在店里，她是最苦、最累的打杂女工。小姑娘出身十分贫寒，从来没见过什么华美的衣裳。所以，当小姑娘初到店里的时候，她被店里的华美布料和那些来来往往的贵夫人及豪门小姐们的华贵服饰惊呆了。尤其让小姑娘羡慕的是贵夫人们脸上那充满自信和骄傲的笑容。小姑娘怯生生地问一位店里的女裁缝师："天啊，她们为什么个个看上去都那么美啊？简直就像是女王和公主。"

女裁缝师笑着告诉小姑娘，说："那是成功的人才能拥有的一种姿态。是因为成功，她们才显得那么美丽。"小姑娘听了，沉思了半晌，问："那么，我们是不是也可以拥有这种姿态呢？"女裁缝师听了，不置可否地笑了笑。

从第二天起，小姑娘果然就变得和平常不一样。她迈着和那些高贵顾客一样优雅的步伐，像那些高贵的贵夫人和豪门小姐们一样轻声细语，话语典雅有趣。她的穿戴也和以前不一样了。布料质地虽然不太好，但款式却十分新颖、时尚。店里没活儿可干的时候，她常常到试装镜前为自己补一补妆，或者旁若无人地练习一下自己的举止和表情。

小姑娘变了之后，那些来店里的贵夫人和小姐们对小姑娘的态度也完全改变了。她们过去对她不理不睬，现在不同了，她们乐意和小姑娘攀谈，有兴趣同小姑娘谈一谈她们对服饰质地和款式的看法。小姑娘也从和她们的交谈中学到了不少服装的知识，对一些流行、时尚的看法也有了提高。店老板见贵夫人们那么喜欢同小姑娘交流，马上调换了小姑娘的工作，让她专门负责接待那些进店的顾客，并及时向设计师回馈顾客们对店里服装的看法和建议。果然，采纳了小姑娘的看法和建议后，店里的生意变得更好了。

小姑娘自己也因为和顾客交往得越来越亲密，对服装布料、款式也有了很多自己的看法。后来，她对店里时装设计师的手艺越来越不满意，干脆开始自己为顾客们设计起服装来。她设计的服装色彩搭配十分恰当，款式美丽大方、新颖独特。服装一经生产出来，很快便被抢购一空，不仅纽约的女性们以能穿到她设计的服装为荣，许多千里之外的外地女性们也纷纷赶到纽约来订购她设计的服装。订单像雪片似的从四面八方飞来。后来，她接手了这个裁缝店，并把这个裁缝店发展成一个享誉世界的服装设计和加工公司。

如今，这个服装品牌的名字对大家来说已不再陌生，它叫安妮特。而当年那个小姑娘就是国际著名时装设计大师安妮特夫人。

美国《华盛顿邮报》记者曾经采访过这位时装设计大师，问她："从丑小鸭到白天鹅，您是怎么成功的呢？"安妮特夫人思考了一下，微笑着回答："在没有成功以前，我已经假装成功了。"见记者疑惑不解，安妮特夫人微笑着解释："没有人愿意和不成功的人交往，是我的假装成功为我赢得了许多真正成功的机会。"

是啊，不要以为只有成功的人才可以优雅。优雅只是通往成功的一张名片。如果我们对自己都失去了优雅的耐心，那么谁还会对我们产生信心呢？所以，在我们处于劣势的时候，就更需要摆正自己的位置，不要乞求，不要同情，不要可怜，而是用我们优雅的姿态告诉他们：我们是击不垮的，我们有绝对的信心成为这个世界的主宰。

这个世界上，没有人愿意和一个没有信心的人去合作。那些成功者的手里，总是放满了别人踊跃合作的名片。一张毫无朝气、愤世嫉俗的脸是无法让人产生合作想法的。想在众多的人中脱颖而出，不是

诉苦，不是表达失意，不是展露伤口，不是一味地溜须拍马，而是充满自信的笑容，让人第一眼就记得你，并选择你。

即便，人与人的处境再不一样；即便，心底藏有一座火山；即便，委屈吞噬了太多的信念。当我们走出来的时候，我们也要保持优雅，优雅地笑，优雅地交谈，那些伤心的、难过的、困惑的难题，都只是过眼云烟。

只要用心，这个世界就没有什么是不能改变的。没见过的东西可以学，不懂的知识可以补，心情是自己给自己的。我们不能被坏心情打败，要尝试着在心情很坏的时候，展示我们的优雅。当我们以步伐优雅地跨出去的时候，我们的心就会欢快地跳跃。

抛开面子，也是一种勇气

> 我们不要把自己的面子看得太重，不要把他人的目光看得太重，要有勇气去面对各种目光和评价，我们要为自己而活，为自己的希望而活，为人生的精彩而活！

在通往成功的路上，没有谁可以一帆风顺，得到只有成功没有失败。失败并不可怕，可怕的是就此一蹶不振。这是最不可取的。如果这样，失败的不是某件事，而是整个人生。

泰戈尔有这样一首诗："去实现一个实现不了的梦/去打一个打不

败的敌人/去忍受那忍受不了的悲伤/去奔赴那勇士都不敢去的地方/去纠正一个纠正不了的错误/我知道只要我持续这光荣的追寻/一个满身创伤的人,仍会鼓起最后的勇气/去摘那摘不到的星星……"

就像诗中所言,勇气和希望一直是同在的。有一天,如果勇气没有了,那么希望也就不复存在了。所以,在任何时候都要挺直自己的背。就算眼泪已经在眼眶里打转,就算心已经碎去了一半,就算在周围的人眼里自己成了怪物,我们也要有坚定的信念:我行的,我可以的。

我有一个德国朋友。他在中国留过学,我们在那时候机缘巧合地成为了朋友。这位热情好客的德国朋友回国之后,一直希望我能去他的家乡法兰克福游玩。今年年初,恰好有了机会,于是我们两个多年不见的朋友在法兰克福重聚了。

朋友见到我之后咧着大嘴笑个不停。久别重逢,两个人都高兴得不得了。到法兰克福的第二天,朋友就带着我去城郊的旅游景点游玩。本来我们早就说好了要徒步旅行,可是没想到习惯了坐车的我们走了一会儿就累得气喘吁吁。我们站在空旷的公路上,大眼瞪小眼,一时都没了主意。

这时候,一辆私家汽车迎面开来。朋友连忙挥舞着双手想搭个便车。对方停下来之后,朋友连忙跑上前去说出了自己的请求。可是,这位独自开车的女士显然对我们抱有戒心,无奈地耸耸肩膀,继续飞驰而去。

在随后的半个多小时里,我的德国朋友又拦了几辆车,可这些车辆里不是坐满了人,就是不愿意搭载。有一个秃顶的中年男人态度还非常差,冲着朋友冷冷地哼了一声。看到这个场景之后,我心里非常不是滋味儿,自尊心受到了不小的挫伤。很快,公路上又剩下了我们两个人。我劝朋友不要再拦车了，何必要低三下四地求别人呢？大不了咬紧牙关坚持走下去！

朋友听完我的话，不停地摇头。"我明白你的意思，你不是不想坐车，而是觉得被拒绝伤害了你的自尊心。可是，这样的心态很不好，一个人如果太在乎脸面，那么往往就会丢了脸面。因为你心里太在乎别人怎么看待你，太在乎自己在别人心中的形象是否受到了影响，一个人的心里如果有了这么多的牵绊，那么他做起事来就会畏手畏脚，无法发挥出自己全部的能量，以致什么事情都做不成。而一个一事无成的人，还有什么脸面可谈呢？"

朋友说完，又继续搭车去了。我站在原地，反复咀嚼着他刚才说的那些话。

在朋友的不懈努力之下，我们终于搭上了一辆车，而且跟司机还聊得非常开心。在车上，我就在想，如果按照我的性格，被拒绝之后一定不会再坚持了，那么现在就不会在这里和司机谈天说地，而是像一只大蜗牛一样汗流浃背地继续徒步前行。由此可见，朋友的话很有道理。

当天傍晚，我们来到了一处民俗旅游景点。我们和其他游客，还有当地人围坐在一起，在皎洁的月光下喝了不少酒。大家的情绪越来越激动。当地人跳起了舞蹈。他们精彩炫丽的舞姿让我们惊叹不已。这时候，当地人邀请我们也一起去跳舞，就在我犹豫的时候，朋友已经迈着大步晃晃悠悠地走到了舞场中央，摇头晃脑、扭腰摆臀地跟着当地人跳了起来。

朋友的身形和舞姿实在让人不敢恭维，怎么看都像是一只喝醉了酒的加菲猫在打醉拳。刚开始的时候，大家还强忍着笑，后来憋红了脸的人们再也忍不住了，笑声就像波浪一样一波波地向他袭来。朋友也知道自己的舞姿难登大雅之堂，可是他仍旧乐呵呵地和当地人跳着舞。大家很快都被他感染，没人再取笑他那笨拙的舞姿了，而是像下饺子一样纷纷进入到了舞场，和当地人跳了起来。

那一天，我们一直玩到了天亮。离开那里的时候，朋友俨然成为最受喜欢的那个人。大家纷纷给让他留下了电话，相约以后有机会一定要好好聚聚——这一夜的相聚，所有人都被乐观大方的朋友吸引了。

在回来路上，我问朋友为什么能那么放得开、那么不在乎别人的眼光和评价？朋友又咧着大嘴笑着告诉我："100年前，我们都是尘土；100年后，我们还是尘土。不管我们怎样生活，最后还是要归于尘埃。既然如此，别人的眼光和评价就都不重要了。我们德国人在很小的时候就得到了这样一种教育，那就是，我们是为了遵循我们内心的指引而活着的，而不是为了别人的眼光而生活的。既然如此，那就别把脸面看得太重，别把他人的目光看得太重。谁把脸面看得太重，谁就容易产生紧张焦虑的情绪，进而影响到自己的言谈和思维，从而埋下失败的隐患。而越是不看重脸面的人，往往越能内心轻松，心无挂碍，活得轻松潇洒，活得让人惊叹！所以，只有不在乎这些外在的东西，你的人生才没有负担，才能活出自己的精彩。谁能战胜束缚自己内心的心魔，谁才是真正的勇敢者。"

勇气不是莽撞，不是程咬金的三斧子，而是成长积累下来的感悟，这是不容忽视的激情与智慧。

勇气的第一步是微笑，第二步是把脚迈出去！别人怎么看是别人的事，我们要做的是做最想做的自己。因为这个世界能打败你的人只有你自己！抛开面子，也是一种勇气。

所以，不要太重视那些虚无的东西，面子不能带给你任何实际的帮助。我们不要把自己的脸面看得太重，不要太在乎他人的目光，要有勇气去面对各种目光和评价，我们为自己而活，为自己的希望而活，为人生的精彩而活！

　　勇气在了，希望就在。

第二辑
世界很大,你走出去才会发现世界还有另一种美好

　　有时候,我们和井底之蛙一样,固守在自己的地方,看着属于自己的一方天空,它黑了,整个世界就黑了,它亮了,整个世界就亮了。一旦我们走出去后,我们会发现这个世界很大,我们看到的只是微不足道的一个角落,我们没必要为一点微小的悲伤或者欢喜所左右。

善良是心底最纯真最柔然的地方

我们不能苛求有付出就一定要有回报。没有回报又如何呢？我们原本付出的就不多。但是，在付出的时候，我们已经尝到了快乐。如果接受帮助的人能把这份善良回报给更多的人，那么这个世界就会出现许多的善良和快乐。

法国作家雨果说"善良是历史中稀有的珍珠，善良的人几乎优于伟大的人。"可见，善良不是简单的摆设，而是清洗过的心灵，是藏在心底最纯真最柔软的地方。

中国的传统文化也历来追求一个"善"字。待人处事上，强调向善之美。与人相处，讲究与人为善。所以从小我们就知道，做人要善良，要知恩图报，要以德报怨。

善良在我们的印象中就像悬挂在漆黑夜里的一轮明月，因为有了它的照耀，这个世界才变得安宁美好。

但是，当一件件事、一个个人，以负面的形式出现的时候，我们的心突然失去的方向：善良真的管用吗？我那么善良，为什么还饱经沧桑？我们在矛盾中挣扎，面对一个个残酷的事实的时候，我们不得不问：还要继续选择原谅和善良吗？

是的，还得选择善良。不管世界变成了什么样，善良是心底最纯真最柔软的地方。只有维护它,心才能高高飞翔。列夫·托尔斯泰说过:"没有单纯、善良和真实,就没有伟大。"所以千万不能小瞧善良的力量,它能带给你的,比你知道的可能要多很多。

30多年来,他做了许多有据可查记录在案的善事:

他曾向消防部门报告了3处火险隐患,及时避免了可能发生的重大火灾;

他曾配合动物保护机构救助过受伤的5只猫头鹰和2只苍鹭;

他曾为一位截肢的青年无偿献血500CC,挽救了一个年轻的生命;

他曾花费一年多的时间,多方奔走,最终帮助两位走失的儿童找到了亲人;

他曾向遭受飓风的佛罗里达州的灾民捐款2000美元,那是他全部积蓄的三分之二;

他曾多次向警方提供重要的破案线索,并协助警方捣毁了一个贩毒窝点,被当地警察誉为最值得信赖的"眼线"。

30多年来,他还默默做着许多不值得一提的小事:

他曾一次次给过路人指路当向导;

他曾先后收留过7只流浪猫和3只流浪狗;

他曾一次次将风雨中吹倒的小树扶正,培上新土;

他每年春天都会蹲守在小镇的公路边,悉心呵护那些需要穿越公路去繁殖后代的青蛙,尽力帮助它们免遭往来车辆的伤害。

他做的这些小事,都是自觉的个人行为,从来没有接受过任何人的暗示或要求。

他只是一个普普通通的职业乞丐。

30多年前,他不幸失去了一只臂膀,没有了谋生能力,从此,就以乞讨维持生计。

他住在山间的一个简易小屋中，几乎所有的用具都是他从垃圾箱中捡来的。多年来烧火做饭，一直是用捡来的枯枝和树叶，从来没有砍伐过山上哪怕是一棵小小的树苗。他从不乱扔垃圾废品，他会背着这些没有用的废物，走过五里多的山路，送到镇上的垃圾回收站。

他虽然是一个职业乞丐，他却是一个非常爱美的人。

每天，他把居住的小屋打扫得一尘不染，一个破了边的镜子擦拭得闪闪发亮。他还在屋前种了许多花草，屋后栽了许多果树，俨然一个世外桃源。每次出门乞讨前，他都要换上一身干净的衣裳，虽然破破烂烂，但总要整饬一番，仿佛是去见尊贵的客人。

平时，他除了以乞讨维持生计外，并非无所事事，而是默默地做着让很多人不屑一顾的各类"小事"。虽然身份卑微，但他从没有为自己哀叹过，也从来没有抱怨过什么。

2009年11月的最后一个周末，寒风呼啸，地冻天寒，他因突患心肌梗塞而死，就这样，他平静度过了自己的一生。

但是，他的葬礼却异乎寻常地隆重。人们得知他去世的消息后，不约而同从四面八方自发赶来，自觉排成了长长的送葬队伍，默默地为他送别。当地一位有名的牧师亲自为他主持葬礼。

在整理他的遗物时，人们发现他的衣兜里有一张干净整洁的白纸，上面写着这样一段话："我很感激自己能够生活在这样美好的世界里，我一生都在接受人们善意的关注和帮助，都在感受着爱的温暖，我也十分愿意为这个世界留下一些关切和温暖，只是我做得太少了，少得可能连上帝都看不到，但我还是衷心祝愿这个世界越来越美好……"

他的名字叫杰夫森，美国宾夕法尼亚州莫克小镇的一名乞丐。

人们常说，苍天有眼。的确，上帝能够看到杰夫森做过的每一件小事，能够感受到他的善良。正如葬礼上牧师所说的："你的善良，不仅是上帝看得到，世间无数眼睛都看得清清楚楚，不只是今天来为你送行的人们，还有许许多多的人，相信大家都会敬重你的美德，都会为美丽的人生心存敬意。"

一个普通至极的乞丐，竭尽他所能，向世人展示着他的善良之心。他获得的或许是很多人一辈子都不能获得的。

善良是一种发自内心的信念，几乎伴着人的降生就出现了。孟子说："人性善。"只是有的人抱着善良的信念至人生的最后一刻，而有些人中途洒泪放弃了。

善良是牵引灵魂的一盏灯，走着走着，灯可能被一阵风吹灭了。我们不能因为灯灭了就否认灯的存在。

我们要相信这个世界上没有谁天生就想做坏人，再坏的人最初也有过善良的想法，只是他们不够坚强，不能坚守做人的原则，我们不能因此就一棍子打死他。要学会用我们的善良去拯救他们，我们要相信只要看到的善良多了，被他们不小心遗落的善良还是会回来的。

我们要学那个乞丐，就算在我们万分潦倒的时候，我们也要竭尽全力地帮助别人，给人以力所能及的帮助。就算我们最终会失败，就算我们的付出很浅显，但是浅显的善良爆发出的热量也可以是无穷的。那些人可能因为我们的付出，使他的整个人生生动起来。

我们不能苛求有付出就一定要有回报，没有回报又如何呢？我们原本付出的就不多。但是在付出的时候，我们已经尝到了快乐，如果接受帮助的人能把这份善良回报给更多的人，那么这个世界就会出现许多的善良和快乐。

如果这次付出的善良没有发芽，没关系，还有下一次。我们可以再种，继续种，一直种。请相信，你播撒出去的种子迟早有一天会长成参天大树，那棵树会让整个世界明艳起来。

生命从今天才开始，成长却永远没有结束

> 过去发生的，只存在于过去，再斑驳，翻过去就可以了。生命，从今天才真正开始。

没有人不想走平坦的阳光大道，但是人这一生要走的路实在太长太长了，可能不小心在某个时间段就走错了路。

一个人停在某个黑暗角落的时候就开始自怨自艾，觉得世界黑暗了，再也看不到希望了。他想回头，可是不知道回头之后，面对自己的是什么，是众人的嘲讽还是鄙视？于是他退却了，只能沿着错误的路越走越远。

其实，这样的想法完全不必。过去发生的，只存在于过去，再斑驳，翻过去就可以了。生命，从今天才真正开始。

这是一个很有名的故事：

在美国新泽西州市郊的一座小镇上，有一个由26个孩子组成的班级，被安排在教学楼最里面的一间光线昏暗的教室。那是一个出奇的"差班"，他们中所有人都有过一段不光彩的历史。家长拿他们没办法，老师和学校也几乎放弃了他们。

就在这个时候，一个叫菲拉的女教师接手了这个班。新学年开学的第一天，菲拉没有像以前的老师那样，整顿纪律，给学生来一个"下马威"，而是给大家出了一道选择题：

有三个候选人，他们分别是：

A. 笃信巫医和占卜，有两个情妇，有多年吸烟史，而且嗜酒如命。

B. 曾经两次被赶出办公室，每天要到中午才起床，每晚要喝大约1千克白兰地，而且读大学时有过吸食鸦片的记录。

C. 曾是国家的战斗英雄，一直保持素食习惯，热爱艺术，不吸烟，偶尔喝点酒，但只是喝一点啤酒，年轻时从未做过违法的事。

菲拉给孩子们的问题是：

"如果我告诉你们，在这3个人中，有一位会成为众人敬仰的伟人，你们认为会是谁？猜想一下，这3个人将来会是怎样的？"

对于第一个问题，毋庸置疑，孩子们都选择了C；对于第二个问题，大家的推论也几乎一致：A和B将来的命运肯定不妙，要么成为罪犯，要么就是需要社会照顾的废物。而C呢，一定是一个品德高尚的人，注定会成为社会精英。

然而，菲拉的答案却让人大吃一惊："孩子们，我知道你们一定会认为只有最后一个会成为众人敬仰的伟人。可是，你们错了。这3个人大家都很熟悉，他们是第二次世界大战时期的3个著名人物，A是富兰克林·罗斯福，身残志坚，连任四届美国总统；B是温斯顿·丘吉尔，英国历史上最著名的首相；C是阿道夫·希特勒，一个夺去了几千万无辜生命的法西斯恶魔。"

孩子们都惊呆了，他们简直不敢相信自己的耳朵。

"孩子们，"菲拉接着说，"你们的人生才刚刚开始，过去的荣誉和耻辱，只能说明过去，真正能代表一个人一生的，是他现在和将来的所作所为。每个人都不是完人，连伟人也会有过错。从过去的阴影里走出来吧，从现在开始，努力做自己一生中最想做的事情，你们都将成为不起的人才……"

菲拉的这一番话改变了26个孩子的命运。如今，这些孩子都已长大成人。其中，许多人都在自己的岗位上做出了骄人的成绩：有的做了心理医生，有的做了法官，有的做了飞机驾驶员。值得一提的是，当年班上那个个子最矮、最爱捣乱的学生罗伯特·哈里森，已成为华尔街上最年轻的基金经理人。

"原来，我们都觉得自己已经无可救药了，因为所有的人都这么认为。是菲拉老师第一次让我们觉醒：过去并不重要，我们还有可以把握的现在和将来。"孩子们长大后都这样说。

故事里的孩子们很幸运，遇到了这样一位老师。我们也幸运，因为读到了这样一个故事。人都有长大的一个过程，做错事不可怕，可怕的是不去更正错误。

没有谁能预知未来，但是我们得有勇气改变自己。趁着我们还年轻，我们还有远大的抱负，不要轻言放弃追求梦想，要果断地和过去说再见，要让我们的人生从今天开始翻开崭新的一页。过去终究只能属于过去，不堪回首的记忆翻过了就没了，就像赏心悦目、窈窕迷人的外表，翻过之后，也就什么都不存在了。所以，至今为止的成功和失败都不重要，重要的是明天的我们会是怎样的一种状态。

有一个博士被分到一家研究所，成为那里学历最高的人。

有一天，他到单位后面的小池塘去钓鱼。正好正、副所长在他的一左一右，也在钓鱼。

他只是微微地向他们点了点头，心想：这两个本科生，有啥好聊的呢？不一会儿，正所长放下钓竿，伸了伸懒腰，他噌噌噌地从水面上如飞地走到对面上厕所。博士的眼珠子都快掉出来了。水上漂？不会吧？这可是一个池塘啊！

正所长上完厕所回来时，同样也是噌噌噌地从水上"漂"回来。

怎么回事？博士又不好去问——自己是博士生啊！

过一阵子，副所长也站起来，走几步，噌噌噌地漂过水面去上厕所。这下子博士更是差点昏倒：不会吧？到了一个江湖高手集中的地方？

过了一会儿，博士也内急了。这个池塘两边有围墙，要到对面厕所非得绕10分钟的路，而回单位又太远。怎么办？博士也不愿意去问那两位所长，憋了半天后，也起身往水里跨：我就不信本科生能过的水面，我一个博士不能过。

只听"咚"的一声，博士栽到了水里。

两位所长将他拉了出来，问他为什么要下水。他问："为什么你们可以走过去呢？"

两所长相视一笑："这池塘里有两排木桩，由于这两天下雨涨水，木桩没在水面下。我们都知道木桩的位置，所以可以踩着木桩走过去。你怎么不问一声呢？"

就像故事表达的那样，过去的智慧并不能代表什么。过去终究过去了，我们要认清今天的位置，明白我们的弱点在哪里，我们的优势又是什么。但遗憾的是，现实中还是有一群人因为过去取得的一些成绩而沾沾自喜。他们不知道过去只能代表过去，已经走过了，就得果断翻开新的一页。

因此，我们一定要戒骄戒躁，不要被过去的经历所影响。再大的失败、再光辉的成功，都是昨天的事情，都不能证明什么。我们的生命，从今天才真正开始。

你所渴望的安全感只能自己给

烦躁不安的时候，我们总会希望有一个永远属于自己的避难所。在外界压力涌来的时候，我们可以安安心心地躲在里面，不理会尘世的一切烦恼。但是，我们要明白，能给我们安全感的只有我们自己。

一个人最真实的感觉不是别人给予的，而是自己感受到的。

如果你坚信这个世界是冷的，那么就算给你一个太阳，你也会觉得太阳是冷的；如果你坚信这个世界是温暖的，那么就算给你一块冰，你也能感受到心灵的温暖。所以，外界的温度不重要，重要的是你有怎样的心态。

天有不测风云，我们永远不知道在下一刻，会发生什么事情。我们可以期待外界帮助我们，却不能要求外界必须善待我们。

烦躁不安的时候，我们总会希望有一个永远属于自己的避难所。在外界压力涌来的时候，我们可以安安心心地躲在里面，不理会尘世的一切烦恼。但是，我们要明白能给我们安全感的只有我们自己。

不是说别人都不可信，都靠不住，也不是说我们不能把希望寄托在别人的身上。而是，没有谁可以保证，我们以为可以依靠一辈子的人，我们以为可以持续一辈子的工作，我们以为稳操胜券的事业，永远在固定的航道上，不会偏离一点点。如果你信任的一切，有一天辜负了你，那么，我们拿什么来正视我们即将面临的一切？

所以我们要让自己变得强大，只有自己不断地变强，实力才能给予我们足够的安全感。

有一天，龙虾与寄居蟹在深海中相遇，寄居蟹看见龙虾把自己的硬壳脱掉，露出了娇嫩的身躯。

寄居蟹非常紧张地问："龙虾，你怎么可以把唯一保护自己身躯的硬壳也放弃呢？难道你不怕有大鱼一口把你吃掉吗？从你现在的情况来看，恐怕连急流都能把你冲到岩石上撞死。"

龙虾气定神闲地回答："谢谢你的关心，但是你不了解，我们龙虾每次成长，都必须先脱掉旧壳，才能长出更坚固的新外壳。现在暂时面对一些危险，只是为了将来发展得更好而做的准备。"

寄居蟹细细地思量了一下，自己整天只找可以避居的地方，而没有想过如何令自己成长得更强壮，整天只活在别人的庇护之下，难怪永远都限制着自己的发展。

我们生活在一个充满未知的社会中，不能确认，在接下来的那一刻我们会遭遇什么样的事情。想要跨越自己目前的成就，就要不断地充实自己，突破自己。只有自身的能力变得更强了，我们才会有更大的信心来迎接新的挑战。新知识、新经历、新认知都是促进我们成长的条件。

我们要与外界多接触。多接触不是为了找依靠，而是为了洗刷自己的心灵，接纳阳光、积极、自信、开朗，放弃黑暗、消极、自卑、忧伤。我们就是在历经一次次的心灵洗刷之后，才会越来越自信，越来越强大，越来越具安全感。

如果我们把所有的希望都寄托在别人身上，那么别人跑了或是倒了，我们还能拥有什么？

所以，安静地做自己，做好自己，做最强大的自己。只有这样，我们的快乐才能得到最周全的保障。

小徒弟问智者："师父，一个人最害怕什么？"

"你以为呢？"智者含笑看着徒弟。

"是孤独吗？"

智者摇了摇头："不对。"

"那是误解？"

"也不对。"

"绝望？"

"不对。"小徒弟一口气答了十几个答案，智者都一直摇头。

"那师父您说是什么呢？"小徒弟没辙了。

"就是你自己呀！"

"我自己？"小徒弟抬起头，睁大了眼睛，好像明白了，又好像没明白，直直地盯着师父，渴求点化。

"是呀！"智者笑了笑，"其实，你刚刚说的孤独、误解、绝望等等，都是你自己内心世界的影子，都是你自己的感觉罢了。你对自己说：'这些真可怕，我承受不住了。'那你就真的会害怕。同样，假如你告诉自己：'没什么好怕的，只要我积极面对，就能战胜一切。'那就没什么能难得倒你。何必苦苦执着于那些虚幻的东西呢？一个人若连自己都不怕，他还会怕什么呢？所以，使你害怕的其实并不是那些想法，而是你自己啊！"

小徒弟恍然大悟。

智者是睿智的，简简单单的几句话点醒了小徒弟。这让我想起诗人汪国真的一句话："心晴的时候，雨也是晴；心雨的时候，晴也是雨。"

人的一生是一趟没有回程的旅行,沿途中有数不尽的坎坷泥泞,但也有看不完的春花秋月。我们不能有选择性地剔除遗憾,留住美好,只能选择全盘接受。我们不知道下一场磨难在什么时候,但在磨难来临之前,我们必须强化我们的心。

我们不可能去决定人生的走向,但至少可以改变我们的人生观,可以让我们的内心变得强大。我们当然也无法改变风的方向,但可以选择调整风帆,可以让我们的笑容浮现在脸庞。我们不能左右事情的发展,但至少我们可以调整好自己的心态,让自己的内心强大起来。

即便这个世界上有再多的不可预料的事,只要太阳天天升起,我们的心就要充满阳光。这样,我们才会有最为踏实的安全感。

将抱怨别人的那点精力用来充实自己

> 没有什么人是通过抱怨走向成功的,也没有什么问题是可以通过抱怨来解决的。抱怨只会徒增烦恼,抱怨只是无聊的冲动,是丧失自我的一种放逐。

遇到不尽如人意的事时,我们时常抱怨。比如,一个炙手可热的项目被竞争对手拿走了。我们首先想到的不是去分析各自的优点、缺点,而是怒视对手,不停地诅咒他人。

在失去与被夺走的过程中，我们已经习惯了包容自己，责怪别人。

一个人若想成功，抱怨是无济于事的。那只是一种自我麻痹的病。忽视自身的不足，又对别人的成功耿耿于怀。

这是一种通病。要治这种病，首先要学会正视自己的不足，要利用一次次的失败来反省自己，而不是不断地抱怨。

任何时候，只有把自己放正位置，很好地认清了自己，才能有进步的动力。

这里有一个故事。

一次，在机场，一辆出租车在我面前停了下来。出租车司机下车，为我打开后车门，然后递给我一张精美的宣传卡片："我是沃利，我将您的行李放到后备箱去，您不妨看看我的服务宗旨。"我惊讶地低头看卡片，上面写着服务宗旨："在友好的氛围中，将我的客人最快捷、最安全、最省钱地送达目的地。"

开车之前，沃利问我："想来一杯咖啡吗？我的保温瓶里有普通咖啡和脱咖啡因的咖啡。"我觉得新鲜有趣，就笑着说："我不喝咖啡，只喝软饮料。"沃利微笑道："没关系，我这儿还有普通可乐和健怡可乐，还有橙汁。"我惊讶得有些结巴："那……那就来一罐健怡可乐吧。"

沃利将可乐递给我，继续说道："如果您还想看点什么，我这里有《华尔街日报》《时代周刊》《体育画报》和《今日美国》。"他又递给我一张卡片："您想听音乐广播吗？这是各个音乐台的节目单。"似乎这样的服务他还嫌不够周到，又问我，车里空调的温度是否合适，还给我到达目的地提出最佳路线。

我觉得越来越有意思了。

"沃利，你一直这样为客人服务吗？"

沃利笑了笑说："不，其实我只是在最近两年里才这么做的。之前，我也像其他出租车司机一样，大部分时间都心怀不满地整天抱怨。直到有一天，我听到广播里介绍励志成功学大师韦恩·戴尔出版的新书《心诚则灵》。戴尔说：'停止抱怨，你就能在众多的竞争者中脱颖而出。不要做一只鸭子，要做一只雄鹰，鸭子只会"嘎嘎"地抱怨，而雄鹰则在芸芸众生中奋起高飞。'"

沃利说这段话让他茅塞顿开，他决定要做一只"鹰"。他开始留心观察别的出租车，发现许多出租车都很脏，司机的态度也很恶劣。于是，他决心要做一些改变。

沃利开始学做"鹰"的第一年，收入就翻了一倍。今年，他的收入可能会是以前的4倍。我能坐上他的车纯属运气，因为他一般不需要在停车场里等待客人，他的客人都会打他的手机预约。后来，我将沃利的故事讲给了50多个出租车司机听，但只有两位司机对此感兴趣并仿效了沃利的做法。而其他那些司机，仍然喋喋不休地抱怨着他们越来越差的境况。

生活给大家的机会是一样的。司机沃利也曾是"抱怨一族"，但他选择听从戴尔博士的建议，停止抱怨，率先改变自己、充实自己。这给他带来的不仅仅是金钱的收益，更大的是翱翔的兴奋。

原来生活可以这样过！

改变自己，我们看到的不仅仅是金钱上的收获，还有自己的心态，由阴暗变得阳光，瞬间变得积极生动。这种心态描绘出的人生是不是应该多姿多彩很多，是不是更能让我们接触到快乐？

美国的海关里，有一批被没收的脚踏车，在公告后决定拍卖。拍卖会中，每次叫价的时候，总有一个10岁出头的男孩喊价，他总是以5块钱开始出价，然后眼睁睁地看着脚踏车被别人用30元、40元买去。

拍卖暂停休息时，拍卖员问那个小男孩为什么不出更高的价格来买。

男孩说，他只有5块钱。拍卖会又开始了，那个男孩还是给每辆脚踏车出相同的价钱，然后被别人用较高的价钱买去。后来，聚集的观众开始注意到那个总是首先出价的男孩。他们也逐渐开始察觉到会有什么结果了。

直到最后一刻，拍卖会要结束了。拍卖员问："有谁出价呢？"

这时，站在最前面，而几乎已经放弃希望的那个小男孩轻声地再说了一次："5块钱。"

拍卖员停止唱价，大家停下来站在那里。这时，所有在场的人全都盯住这位小男孩，没有人出声，没有人举手，也没有人喊价。直到拍卖员唱价3次后，他大声说："这辆脚踏车卖给这位穿短裤、白球鞋的小伙子！"此话一出，全场报以掌声。

那小男孩拿出握在手中仅有的5块钱钞票，买了那辆脚踏车时，他脸上流露出从未见过的灿烂笑容。

这位小男孩没因为自己手里的钱太少，而抱怨那些和他一起举牌的人，也没有抱怨拍卖员的不近人情。抱怨不能给他解决任何问题，反而会影响到他的心情，甚至阻碍他再次举牌。

他的事例告诉我们：抱怨没用，调整自己的心情，充实自己的自信更重要。事实也是，没有什么人是通过抱怨走向成功的，也没有什么问题是可以通过抱怨来解决的。抱怨只会徒增烦恼，抱怨只是无聊的冲动，是丧失自我的一种放逐。

真正对我们有帮助的是：充实自己。充实自己比抱怨别人来得重要。

你内心强大了,空气都会敬佩你

不要抱怨上天的不公,其实,上天是最公平的。只要你有足够强大的内心,有足够坚定的想法,机会迟早会光顾你的。

懦弱也是有理由的。

或是因为出身,或是因为家境,或是因为相貌,或是因为身高,或是因为失败……每个人都会有那么一个时间段,心伤了,自信没有了,内心变得怯懦了。

心怯懦了,希望就泯灭了。

不想看明天的日出日落,不去想自己的出路在哪里,机会从眼前经过的时候,抓紧拳头,却不敢伸出手。

内心怯懦是要不得的,它就像一条毒蛇,会轻而易举地吞噬掉你所有的激情、自信。笑容没了,快乐没了,话语少了,机会也失去了。

在困难的时候,我们绝不能让自己的心懦弱起来,也一定要果断地对自己说:你行的,一定行的!

我们的目光不要紧盯着自己的不足,一定要从自己的不足中走出来。

他是黑人，1963年2月17日出生于纽约布鲁克林贫民区。他有两个哥哥、一个姐姐、一个妹妹，父亲微薄的工资根本无法维持家用。他从小就在贫穷与歧视中度过，对于未来，他看不到什么希望。没事的时候，他便蹲在低矮的屋檐下，默默地看着远山上的夕阳，沉默而沮丧。

13岁那年，有一天，父亲突然递给他一件旧衣服："这件衣服能值多少钱？""大概1美元。"他回答。"你能将它卖到两美元吗？"父亲用探询的目光看着他。"傻子才会买！"他赌着气说。

父亲的目光真诚中透着渴求："你为什么不试一试呢？你知道的，家里日子并不好过，要是你卖掉了，也算帮了我和你的妈妈。"

他这才点了点头："我可以试一试，但是不一定能卖掉。"

他很小心地把衣服洗净，没有熨斗，他就用刷子把衣服刷平，铺在一块平板上晾干。第二天，他带着这件衣服来到一个人流密集的地铁站。经过6个多小时的叫卖，他终于卖出了这件衣服。他紧紧攥着两美元，一路奔回了家。以后，每天他都热衷于将旧衣服打理好之后，去闹市里卖。

如此过了10多天，父亲突然又递给他一件旧衣服："你想想，这件衣服怎样才能卖到20美元？"怎么可能？这么一件旧衣服怎么能卖到20美元，它至多值2美元。

"你为什么不试一试呢？"父亲启发他，"好好想想，总会有办法的。"

最终，他想到了一个好办法。他请自己学画画的表哥在衣服上画了一只可爱的唐老鸭与一只顽皮的米老鼠。他选择在一个贵族子弟学校的门口叫卖。不一会儿，一个管家为他的小少爷买下了这件衣服。那个十来岁的孩子十分喜爱衣服上的图案，一高兴，又给了他5美元小费。25美元，这对他来说无疑是一笔巨款！相当于他父亲一个月的工资。

回到家后，父亲又递给他一件旧衣服："你能把它卖到200美元吗？"父亲目光深邃。

这一回，他没有犹豫，他沉静地接过了衣服，开始思索。

两个月后，机会终于来了。当红电影《霹雳娇娃》的女主角拉佛西来到纽约做宣传。记者招待会结束后，他猛地推开身边的保安，扑到了拉佛西身边，举着旧衣服请她签名。拉佛西先是一愣，但是马上就笑了，没有人会拒绝一个纯真的孩子的要求。

拉佛西流畅地签完名。他笑着说："拉佛西女士，我能把这件衣服卖掉吗？""当然，这是你的衣服，怎么处理完全是你的自由！"

他"哈"的一声欢呼起来："拉佛西小姐亲笔签名的运动衫，售价200美元！"经过现场竞价，一名石油商人以1200美元的高价买了这件运动衫。

回到家里，他和父亲，还有一大家人陷入了狂欢。父亲感动得不断地亲吻着他的额头："我原本打算，你要是卖不掉，我就叫人买下这件衣服。没想到你真的做到了！你真棒！我的孩子，你真的很棒……"

一轮明月升上山头，透过窗户柔柔地洒了一地月光。这个晚上，父亲与他抵足而眠。

父亲问："孩子，从卖这三件衣服中，你明白了什么？"

"我明白了。您是在启发我，"他感动地说，"只要开动脑筋，办法总是会有的。"

父亲点了点头，又摇了摇头：

"你说的不错，但这并不是我的初衷。我只是想告诉你，一件只值1美元的旧衣服都有办法高贵起来。何况我们这些活着的人呢？我们有什么理由对生活丧失信心呢？我们只不过黑一点、穷一点，可这又有什么关系呢？"

"是的，连一件旧衣服都有办法高贵起来，我还有什么理由自卑呢！"

故事中的父亲没有给他显赫的身世，没有给他引以为豪的肤色，但是就在他面对贫穷和众多的讥讽而失去信心、变得懦弱的时候，父亲却及时地给他播种了希望的种子。

如果他一直背负着自卑，懦弱的内心会允许他在众目睽睽下高调地跃起吗？或许他只会变得更加懦弱。

优势是要靠自己去争取的。

不要抱怨上天的不公，其实，上天是最公平的。只要你有足够强大的内心，有足够坚定的想法，机会迟早会光顾你的。

在机会来临之前，你要做的是守护好自己的内心，不管发生什么，都不能让自己的内心变得怯懦。只有这样，机会到来的时候，你才会有勇气伸出手去抓住它。

世界很大,你走出去才会发现世界还有另一种美好

有时候,我们和井底之蛙一样,固守在自己的地方,看着属于自己的一方天空,它黑了,整个世界就黑了,它亮了,整个世界就亮了。一旦我们走出去后,我们会发现这个世界很大,我们看到的只是微不足道的一个角落,我们没必要为一点微小的悲伤或者欢喜所左右。

人都是恋旧的,也是脆弱的。

因为在这片小小的土地上长大,所以就觉得这片土地肥沃。因为熟悉了附近的人,就排斥外面的人。因为不敢尝试崭新的生活,我们便找各式各样的理由固守在这里。

也许你会说一辈子在这里挺好。其实,不是这块土地已经好到无可挑剔,而是你自己不敢抛弃原有的资源,前往陌生的地方去闯荡。

必须要等到一天,我们被这片土地抛弃,一下子如被风吹走的树叶,要孤单飘走的时候,才懂得,原来之前的坚持不是单纯的喜欢,而是胆小,怕自己在这个辽阔的世界里迷失自己的方向,变得无依无靠。

然而,主动出击和被动离开是两码事。一个是积极向上,一个是被逼无奈。心境不同,看到的世界就不一样。如果要走,就要做主动出击、积极向上的那个。

她本是农家女，却异想天开，想在北京买房。乡亲们送她一个外号：贺大胆。

贺大胆果然胆够大。她告别父母来到北京打工，和工厂一个姐妹合租了一间房。一天，她在下班路上看到一个小店门前有许多人在排队买一种"炸鸡"，就买了一只。一吃，果然味道不错。于是，她有了一个大胆的想法：加盟炸鸡店。

说干就干，她拿出自己打工攒下的5万块钱，又说服与她合租房子的姐们儿出了5万。她人生的第一单生意开张了。生意着实火了几天，可慢慢地就淡了。两个月下来，她赚的钱只够付房租。姐们儿见大势已去，便主张尽快将店转租出去，以免越陷越深。贺大胆果断决定："店保留，你可以选择退出，当初投的5万块钱就算是你借给我的，日后不管这个店是赔是赚，我都会如数还你。"那姐们儿正急欲抽身呢，便乐得听从她的决定。

然而，她还没有来得及享受当"老板"的滋味，老天就收回了她的权利。本就惨淡经营的炸鸡店竟屋漏偏遇连阴雨，惨遭一个打工妹携款潜逃，她只好关门回老家。

一天，6岁的侄女拿了一只小麻雀找她玩。她突发奇想，对侄女说："姑姑给你烧麻雀吃吧！"等她按小时候跟小伙伴一起烧麻雀的土法烧好后，小侄女竟没吃够。她只好将母亲养的一只鸡给烧了，没想到，味道非常好。她灵机一动：何不做这样的烤鸡来替代炸鸡？经过反复试验，她终于研制出了一道独门绝技——泥巴蝎子鸡。功夫不负有心人。她的"泥巴蝎子鸡"一上市就火得一塌糊涂。如今，她的"泥巴蝎子鸡"已拥有近30家分店，遍布整个北京。当然，她想在北京买房子也梦想成真了。她就是走进央视七套《乡约》栏目讲述她进城创业经历的农民大姐贺冬梅。

贺冬梅和那个姐们儿都看到了外面的世界，但是那个姐们儿却因为害怕退了回来。不是因为她真的喜欢小小的天空，而是害怕失败。正因为如此，她的成功只能依附于他人，只能小富即安。

我们不要被自己的眼前的这片小天地迷了眼，只看到了忧伤，认为这个世界的人都是忧伤的；看到了懦弱，认为这个世界原本都是懦弱的，甚至不能伸直自己蜷缩的身体，以为每个人都是一样的。

其实，人的一生，遭遇苦难并不可怕，可怕的是在遭遇苦难后，我们就开始悲观地认命，以为我们的命运就是这样的。

我们一定要摒弃这样的想法，只有摆脱这种想法，才能更好地看清自己所处的位置，合理地安排好自己的下一步。

这是一个很古老的故事：

一口废井里住着一只青蛙。有一天，青蛙在井边碰上了一只从海里来的大龟。青蛙对海龟夸口说："你看，我住在这里多快乐！有时高兴了，就在井栏边跳跃一阵；疲倦了，就回到井里，睡在砖洞边。或者只伸出头和嘴巴，安安静静地把全身泡在水里；或者在软绵绵的泥浆里散一回步，也很舒适。看看那些虾和蝌蚪，谁也比不上我。而且，我是这个井里的主人，在这井里自由自在。你为什么不常到井里来游览呢？"

那海龟听了青蛙的话，倒真想进去看看。但是，它的左脚还没有整个伸进去，右脚就已经被卡住了。它连忙后退了两步，把大海的情形告诉青蛙说："你看过海吗？海的广大，何止万里；海的深度，何止千丈。古时候，10年有9年发大水，海里的水，并没有涨了多少；后来，8年里有7年大旱，海里的水，也不见得浅了多少。可见，大海是不受旱涝影响的。住在那样的大海里，才是真的快乐呢！"

青蛙听了海龟的一番话，吃惊地愣在那里，再没有什么话可说了。

很多时候，我们和井底之蛙一样，固守在自己的地方，看着属于自己的一方天空，它黑了，整个世界就黑了。却忽略了这个原本就很大很大的世界，我们看到的只是微不足道的一个角落。

所以孤独、寂寞的时候，我们不要固守在自己的小屋里，这个世界很大很大，只有走出去，才能看到欢快的人群，听到他们的笑声。爱情破碎的时候，我们不要用自己的手卑微地抓着他的衣袖，奢望用自己的可怜换回他回眸。这个世界很大很大，只有走出去，才能发现他只是你人生路上的匆匆过客，陪你走漫漫长路的那个人就在不远处等着你。事业失败的时候，不要把自己藏在漆黑的夜里泪流满面。别这样，勇敢地走出去，这个世界很大很大，总有你可以容身的地方。

将未来画得美丽才有奋斗的动力

信念是很奇怪的东西，就像这片不落的树叶，因为它的存在，病人看到了希望，最终战胜了病魔。所以，人都应该给自己设立一个信念，不管身处什么样的境地，只要想到这片"树叶"，就会重新调整好情绪，向目标出发。

无法想象一个没有希望的人，该用怎样的姿态走完他的一生。就像被蒙住双眼的人，自己的目标在哪里，希望在哪里，快乐在哪里？

人的一生，没有领路人，没有固定的路线。我们只能在一条我们看不见未来的路上摸索。因为有了希望，才知道自己应该何去何从，而不会止步不前。

如果没有希望，我们又看不到未来，在遭受挫折的时候，我们很容易就地趴下。趴下的时候，我们会觉得自己没有任何希望了，觉得自己凄惨不已。

这样的人生无疑是我们都不喜欢也不愿意接受的。

同样是一辈子，我们也想活得快乐一点、逍遥一点、激情一点，成就多一些。这个时候，我们就要给未来画一片充满希望的"树叶"，情绪低落的时候就看上一眼。

有这样一个故事：

病房里，一个生命垂危的病人从病房里看着窗外的一棵树，那棵树的叶子在秋风中一片片地飘落下来……病人望着眼前的落叶，身体也随之每况愈下，一天不如一天。他唯一的信念是"当树叶全部掉光时，我也就要死了"。一个老画家知道这个情况后，用彩笔画了一片叶脉青翠的树叶挂在树枝上……即便风再大、天再冷，那片树叶一直以充满生机的姿态存在着。

最后这片叶子始终没有掉下来，因而生命中的这片绿，给了病人活下去的信心，病人奇迹般地活了下来……

信念是很奇怪的东西，就像这片不落的树叶，因为它的存在，病人看到了希望，最终战胜了病魔。所以，人都应该给自己设立一个信念，不管身处什么样的境地，只要想到这片"树叶"，就会重新整理好情绪，向目标出发。

恐怕很多人都已经记不清自己儿时的梦想了吧？但有个女孩却一直坚持着自己儿时要做世界冠军的梦。为此，她每天都早早地起床跑步，课余时间除了帮父母做家务就是参加各种体育活动。

后来，她不得不忙于学业。再后来，她又结婚、生子，然后要照顾孩子。孩子长大后，婆婆又瘫痪了，她又要照看婆婆。接下来，她又要照顾孙子……转眼间，她已经60多岁了。总算没有什么让她分心的事情了，她又开始锻炼身体，想实现童年的梦想。她的丈夫开始时总是嘲笑她，说他没见过一个60多岁的人还能当冠军的。后来，他却被她的执着感动了，开始全力支持她，并陪她一起锻炼。3年后，她参加了一项老年组的长跑比赛。本来就要实现她的冠军梦了，谁知就在她即将到达终点时，不小心摔了一跤，她的手臂和脚踝都受伤了。她与冠军失之交臂，这令她痛惜不已。

等伤好了，医生却警告她，以后不适合再参加长跑比赛了。她沮丧极了。多年的心血白费了。难道冠军梦就永远也实现不了了吗？这时，她的丈夫鼓励她说："冠军有很多种，你做不了长跑比赛的冠军，可以做别的项目的冠军啊！"从此，她开始练习推铅球。

允许老年人参加的比赛并不多。7年后，她才等到了机会，报名参加了国外的一场的按年龄分组的铅球比赛。但就在出国前夕，她丈夫突然病倒了。一边是等待了多年的得冠军的机会，一边是陪伴了自己大半生的丈夫，她最终放弃了比赛。

多年后，她终于等到了世界大师锦标赛。这场大赛不仅包括铅球比赛，而且参赛选手的年龄不限，并按年龄分组比赛。不过，这项比赛却是在加拿大举办，离她的国家太远了。她的儿孙们都不让她去。因为当时的她已经快80岁了。虽然不能去，但她依然坚持锻炼。她坚信，自己有一天一定能当上冠军。

转眼，又20多年过去了。2009年10月份，世界大师锦标赛终于在她的家乡举办了。来自全世界95个国家和地区的28292名"运动健将"参加了这届全球规模最大的体育赛事。虽然当时的她已经年过百岁,但没有人能阻止她实现自己的冠军梦。

那一天是10月10日,阳光明媚。她走上赛场后,举重若轻地捡起8斤多重的铅球放在肩头,深呼吸,然后用力一推,铅球飞出4米多远。这一整套流畅的动作让现场的观众们惊呼不已,观众都纷纷站起来给她鼓掌。她也凭此一举夺得了世界大师锦标赛女子100岁至104岁年龄组的铅球冠军。

记者问她:"您这么大年纪还能举得起这么重的铅球,真是令人惊叹。您是怎么锻炼的?"她骄傲地回答说:"我每周有5天定期进行推举杠铃训练,我推举的杠铃足有80磅(约36.29公斤)。虽然我知道,只要我参赛就一定能获得冠军(在这个年龄段,能举得起这个重量,况且能来这里参赛的人只有她一人),但那样对我来说太没意义了。我要向所有人证明,我不是靠幸运,而是靠实力夺取冠军的。"她的话赢得了众人热烈的鼓掌。

她就是澳大利亚的百岁老太——鲁思·弗里思。

一个信念伴着小姑娘从小女生长成迟暮老人,足以让我们见证信念的神奇力量。这让我想起很多女人都去做的一件事情——减肥。减肥是一件异常枯燥又很难坚持的事情,在经受了很多失败后,减肥机构为了减肥的顺利进行,在减肥方案的实施前都会提示:买一件小一号的漂亮衣服,或是贴一张身材火辣的海报。看,这就是给减肥者的"树叶"。你想穿下它吗?你想拥有这样的身材吗?那就努力按计划减肥吧!

在任何时候都不要小看信念的力量,再失意,也要记得给未来画一片充满生机的"树叶"。即便没有成功,也不会失去快乐。信念在,快乐就在。

美丽的花朵，长了虫子也不失美丽

> 每个人的存在，不是为了完美，而是为了生动。每个人、每件事恰恰就是因为存在瑕疵才变得真实，变得温暖，变得生动。

从古到今，描写花美的诗歌词句举不胜举，像"绿艳闲且静，红衣浅复深"，像"故作小红桃杏色，尚余孤瘦雪霜姿"，这说明花的确美丽，相当惹人喜爱。可是，只要走近它认真观察，我们可能就会发现，再美丽的花，花瓣上可能也会有被虫咬过的小洞。但是，没有人会因为这些小洞而否认花的美丽。

可是，当这种小洞出现在人类身上的时候，四周就会产生完全不同的声音。否认、责怪、刁难……我们就在这些声音中迷失了自己的方向，自己真的这么差吗？自己真的做错了吗？自己真的不能被大家接受吗？

这个时候，我们不要急于质问自己，可以先平复一下心情，然后认真观察每一个人，你会发现再光鲜、优秀的人都有他的缺点。只是我们在比较的时候，习惯用他人的优点对比自己的缺点，然后得出的结论就是：自己好差哦！还有一种习惯，因为你不小心发现了某个人的缺点，然后就全盘地否认了这个人。

这些都是不正确的。我们要公正地看待人，缺点就是缺点，优点就是优点，我们要学会客观地评价一个人，也包括自己，不要让目光只停留在缺点上，要善于发现自己的优点。

当我还是一个小女孩时，爸爸妈妈的工作都很辛苦。我记得有一天晚上，妈妈忙完了一天劳累的工作，她才下班，又为大家准备晚餐。

仿佛等了一个世纪，妈妈才为我和爸爸端来一盘水果和烤焦的面包片。我撅着嘴，想看看爸爸有什么反应。没想到，爸爸一把抓过烤焦的面包就吃起来，还冲妈妈笑了笑。然后，他转身和我聊起学校的生活。那天说了什么，我忘记了，但是我记得爸爸把黄油和果酱涂在面包上，吃得十分香甜。

那天吃完饭，我听到妈妈向爸爸道歉说自己做了多么糟糕的一顿饭。我永远不会忘记爸爸说的那句："宝贝，没关系，烤焦的面包也十分香甜。"

那一晚，当我和爸爸说晚安的时候，我问他是否真的喜欢烤焦的面包。爸爸把我抱在怀里，说道："亲爱的，你妈妈今天很累。另外，烤焦的面包也不是特别难吃。宝贝，你要记住，生活中有很多不完美的事情……妈妈也不可能是最好的厨师。要学会接受不完美，别把自己的快乐放进别人的口袋里。"

接受不完美，这是爸爸给我上的最有价值的一课。

我们应该像故事里的小姑娘一样，学会接受不完美，不管这份不完美是来自别人的还是来自自己的。

那也是一种智慧。如花一般，美的存在和它有没有被虫子咬过是两回事，有缺陷并不影响花的美丽。

在生活中，我们遇到的一些事或是一些人，或者是我们自己，我们都不要苛求完美。每个人的存在，不是为了完美，而是为了生动。每个人、每件事恰恰就是因为存在瑕疵才变得真实，变得温暖，变得生动。

被虫咬过的花还是花，还保持着花的芬芳和美丽，完全不需要垂下自己的头颅。那些光鲜的花不是不存在虫咬过的小洞，只是因为站得远，看不清罢了。

有时，看到有缺点的人时，我们会立马站到伪哲人的立场加于批判。我们的生活或者生命就是趋利避害的，这是一种本能的"趋光性"。但我们要记住，我们不仅要了解人性的优点，还要尊重人性里的种种不完美。

人生有很多的无奈，比如老去，比如渐渐被人忽略……但是，你可以在尊重人性的种种可能之后，学会更洒脱地面对这些，接受这些。人生在世，不能十全十美。

所以，学会欣赏花的美丽，不仅仅是因为它的外形和香味，还包括被虫子咬过的痕迹。我们要接受不完美的自己，认同不完美的别人，因为再美的花也可能会长虫子。

第三辑
让思维转个身，看看另一番风景

有些事，明知道是错的，却还要坚持，因为不甘心；有些人，明知没有结果，却还要抓着不放，因为很爱；有时候，明知道没路了，却还要前行，因为习惯了。可是这样的自己真的快乐吗？明明不快乐，那么坚守的理由又是什么？这个时候，我们不妨适时地让思维转个身，换个角度，看到的可能是另一番风景。

停下来驻足而望,也是一种别样的收获

> 与其让自己心身疲惫地跟着跑,还不如给心灵一段适时休整的时间,停下来,把自己放到局外,看清自己所处的位置。

似乎从诞生的那一刻开始,就有各种各样的事情等着我们去学习,等着我们去适应。例如,小的时候要学习说话,学习走路,长大了要学习与各种各样的人打交道,学习在巨大的压力下如何游刃有余地生活。我们一直在忙碌,忙碌地学习、长大,忙着做我们并不喜欢的事情。我们像上足发条的钟,一直在疯狂地往前奔跑。

有的时候,我们甚至不知道这样不停地奔跑究竟是为了什么。我们无视幸福的生活,无视我们疲劳的身心,唯一的信念,就是不能被身边的人超越。因为这个,我们不敢让自己的脚步慢下来。即便在撞得头破血流的时候,我们还拖着千疮百孔的身躯持续着这漫无目的的奔跑。

难道一定要跑在最前面才能证明自己是成功的?难道一个生命诞生的目的,就是为了跑第一?难道我们一定要超越别人才会快乐?

其实,这样的奔跑是完全没有价值的。与其让自己心身疲惫地跟着跑,还不如给心灵一段适时休整的时间,停下来,把自己放到局

外，看清自己所处的位置。

一个绝望者问上帝："我一直拼命地追着时间向前跑，为什么我的生活还是日复一日，并没有什么不同？"

上帝说："你为什么要追赶时间？你为什么不停下来慢慢地走？其实，每时每刻的风景都在变化，只是你没注意。"

绝望者说："停下来的话，我会被工作压死的！风景，哪里有？"

上帝问："你试着停下来过吗？"

绝望者说："没有。"

上帝问："不试试，你怎么知道你会被压死？不停下来，你怎么知道世界上没有美丽的风景？"于是，上帝带他来到时钟的上方。

绝望者此刻才明白：原来时钟是圆的，人无论怎么跑都跑不过时间，因为今天的终点是明天的起点。

是啊，很多时候，我们都在重复绝望者做的事情，因为看不到终点而越来越绝望。我们忽视了最基本的一点：只有停下来，把自己置身于事外，才能看清自己曾经所做的事。走出局，才能明白局；身在局中，只能是当局者迷。

人生的路上总有这样或那样的阻碍和意外。我们的眼睛被这些阻碍和意外遮住了，就像掉进了迷宫，看不到解决这些问题的方法。我们失眠，我们焦虑，却不知道如何走出去。

这个时候，不要急于寻找出路，不把希望匆忙地押在一个又一个泡沫上。我们一定要迫使自己冷静，让自己停下来，以旁观者的角度去思考问题，这样才不会错过那些美丽的风景。

智者上山砍柴归来，在下山的路上，发现一个少年捕到了一只蝴蝶，并将其捂在手中。

少年看到智者，说："大师，我们打个赌怎么样？"

智者问："如何赌？"

少年说："你说我手中的蝴蝶是死的还是活的。如果你说错了，你那担柴就归我了。"

智者同意，于是猜道："你手上的蝴蝶是死的。"

少年哈哈大笑，说："你说错了。"少年把手张开，蝴蝶从他手里飞走了。

智者说："好！这担柴归你了。"

说完，智者放下柴，开心地走了。

少年不知智者为何如此高兴，但看到面前的一担柴，也顾不上细思，便高高兴兴地把柴挑回了家。

父亲问起这担柴的由来，少年如实地讲了。

父亲听儿子说完，忽然伸手给了儿子一巴掌，怒道："你啊你！好糊涂啊！你真以为自己赢了吗？我看你是输了也不知道自己是怎么输的啊！"

少年一头雾水。

父亲命令少年担起柴。父子二人一起将柴送回给智者。

父亲见到了那位智者，说："师父，我家孩子得罪了您，请您原谅。"

智者点点头，微笑不语。

在回家的路上，少年说出了心中的疑问。

父亲叹了口气，说道："那位师父说蝴蝶死了，你才会放了蝴蝶，赢得一担柴；师父若说蝴蝶活着，你便会捂死蝴蝶，也能赢得一担柴。你以为师父不知道你的如意算盘吗？人家输的不是一担柴，他赢得的是你的慈悲啊！"

少年惭愧地低下了头。

少年就是疾步而走的人。他以为是他的智慧让他获得了这担柴，却让置身于事外的父亲看清了这担柴后的真相，而这个真相恰恰就是做人最基本的细节。

这不得不让我们思考一个问题：为什么我们不能做这个置身于事外的明智者？这个角色很难吗？不是。难的是停下脚步，以局外人的角度审视目前的难题——那不仅仅需要智慧，更需要阔达的胸怀，和拿得起、放得下的气魄。

人生最可怕的不是失败，而是不知道为什么失败，不知道如何把这样的失败降到最低限度。我们一直在努力地寻找失败之后的补救措施，却没有在做出一项决定前，先站在局外人的立场，好好地考虑一下，接下去跨出去的那步是不是正确的。如果脚已经跨出去了，我们混乱不堪地不知道如何处理即将到来的若干问题时，一定要记得停下来，驻足细想。这样的停驻会让你发现之前你没有发现的问题，给你不一样的启迪。

停下来，驻足而望，这不是逃避，而是为了更好地走下去。

让灵魂深呼吸,释放一下内心深处的压力

当我们感到沉重、疲惫时,我们可以试着把身上的压力做一下清理,可以适度地让自己享受一下春天的美景,踏踏青、听听歌,让自己的灵魂做一下深呼吸。

我们所处的社会是一个充满竞争的社会。有竞争,就会面临获得成功或遭受失败两种结果。既然接受了这样的规则,就必须接受可能会失败的结果。

没有人喜欢失败。所以,我们出生后,从父母高喊"不能让孩子输在起跑线上"的口号起,就在成长的过程中不断地背负压力。这些压力,有社会给我们的,有环境给我们的,有家庭给我们的,但最大的压力却是我们自己给自己的。

我们不想平庸地活下去,想活得有尊严、有气度、有地位……即便没有说出来,但是每个人都不能否认,我们心底住着一头野心勃勃的猛兽。想成就一番事业,想站得高一些,我们总偷偷地告诉自己,压力就是动力,我们是不会被压力击垮的。

然而我们忽略了一个事实,再结实的桌子也有它的承载极限,一味地给它加重,加上去,再加上去,到最后一片轻轻的羽毛都可能让它支撑不住而破碎。因此,我们可以接受压力,但这个压力必须在我

们的承受范围内。当我们感到沉重、疲惫时，我们可以试着把身上的压力做一下清理，可以适度地让自己享受一下春天的美景，踏踏青、听听歌，让自己的灵魂做一下深呼吸。

那不是我们推卸责任，不是我们找理由偷懒，那只是给我们疲惫的灵魂来一次休整，让我们可以更好地发现人生当中的美好，找到前进的动力。

从前，在山中的一个铁矿里，有个小矿工被指派去买食用油。在离开前，矿里的厨师交给他一个大碗，并严厉地警告："你一定要小心，我们最近财务状况不是很理想，你绝对不可以把油洒出来。"

小矿工答应后就下山到城里，到厨师指定的店里买油。在上山回矿的路上，他想到厨师凶恶的表情及严厉的告诫，愈想愈觉得紧张。小矿工小心翼翼地端着盛满油的大碗，一步一步地走在山路上，丝毫不敢左顾右盼。

不幸的是，快到厨房门口时，由于没有看路，他踩进了地上的一个坑里。虽然没有摔跤，可是却洒掉了1/3的油。小矿工非常懊恼，而且紧张得手都开始发抖，无法把碗端稳。来到厨房时，碗中的油就只剩一半了。

这个故事里的厨师本意没有错，但是，他那严厉的警告给小矿工上了一道压力的枷锁。端着油碗的时候，小矿工想到厨师的话，他太想完美地完成这个任务，于是又给自己加上了一些压力……

所以，我们不能任由自己背负太多的重担，不能等到不能背负的时候再去想我们该怎么办，而是应该在没有被击垮前，就要学会减压，学会让我们的灵魂乐观起来，让心灵有停顿喘息的机会。

米拉奇是一个非常乐观的人。于是，凯特决定去拜访他。

米拉奇乐呵呵地请凯特坐下，笑嘻嘻地听他提问。

"假如你一个朋友也没有，你还会高兴吗？"凯特问。

"当然，我会高兴地想，幸亏我没有的是朋友，而不是我自己。"

"假如你正行走，突然掉进一个泥坑里，出来后你成了一个脏兮兮的泥人，你还会高兴吗？"

"当然，我会想，幸亏掉的是一个泥坑，而不是无底洞。"

"假如，你被人莫名其妙地打了一顿，你还会高兴吗？"

"当然，我会高兴地想，幸亏我只是被打了一顿，而没有被他们杀害。"

"假如你在拔牙时，医生错拔了你的好牙，而留下了患牙，你还高兴吗？"

"当然，我会高兴地想，幸亏他摘除的是一颗牙，而不是我的内脏。"

"假如，你正打瞌睡时，突然来了一个人，他在你面前用极难听的噪音唱歌，你还会高兴吗？"

"当然，我会高兴地想，幸亏在这里嚎叫的是一个人，而不是一匹狼。"

"假如，你的妻子背叛了你，你还会高兴吗？"

"当然，我会高兴地想，幸亏她背叛的只是我，而不是国家。"

"假如，你马上就要失去生命，你还能高兴吗？"

"当然，我会高兴地想，我终于高高兴兴地走完了人生之路，让我随着死神，高高兴兴地去参加另一个宴会吧！"

"这么说，生活中，没有什么是可以令你痛苦的了，生活永远是快乐组成的一连串音符？"

"是的，只要你愿意，你就会在生活中发现和找到快乐——痛苦往往是不请自来，而快乐和幸福往往需要人们去发现、去寻找。"

瞧，米拉奇把压力处理得多好，那些常人都不能接受的事，被他乐观的心态轻而易举地扭转了方向，因此失去了压力的含义。

这个世界上谁都有压力，就看你用什么样的眼光去看待它们。你把它们看作压力，那么它们就是压力，如果你面对压力的时候，学会了让灵魂深呼吸，你会发现，只要自己保持乐观，再大的压力都会乖乖地从我们的身边离去。

给自己一个机会，从今天起，就要开始做乐观的人，不再不断地给自己施加压力，要学着让心灵做一次深呼吸。

留住心的真诚，那是带香气的灵魂

就算是为了在左胸跳动的心，为了它轻快喜悦的步伐，我们也要尽力留住真诚。真诚是我们在这个世界里种下的希望，绝不是可有可无的东西，而是做人的根本。真诚待人，给予别人真诚的时候，也给了自己快乐。

没有人排斥快乐，相反，不快乐的人比一般人更渴望快乐。

但是，因为经历了背信弃义，经历了挫折打击，经历了人生的种种不堪，心便失去了光泽。我们听着富有节奏的心跳声，却无法再寻它的轻快与欢愉。

不快乐的人都有不快乐的故事。在故事发生之后，我们没有老，心却老了。

我们也曾经热情地拥抱这个世界，只是可能遇人不淑，失去了信任，失去了与人的宽厚，失去了人与人相处的激情。

当我们以自己的经历草率地对这个世界做定论时，那样的我们已经离快乐越来越远了，心情也越来越沉重了。

我们要快乐！所以，就算是为了在左胸跳动的心，为了它轻快喜悦的步伐，我们也要尽力留住真诚。真诚是我们在这个世界里种下的希望，绝不是可有可无的东西，而是做人的根本。真诚待人，给予别人真诚的时候，也给了自己快乐。

飞机起飞前，一位乘客请求空姐给他倒一杯水吃药。空姐很有礼貌地说："先生，为了您的安全，请稍等片刻，等飞机进入平稳飞行状态后，我会立刻把水给您送过来，好吗？"

15分钟后，飞机早已进入了平稳飞行状态。突然，乘客服务铃急促地响了起来。空姐猛然意识到：糟了，由于太忙，她忘记给那位乘客倒水了！空姐来到客舱，看见按响服务铃的果然是刚才那位乘客。她小心翼翼地把水送到那位乘客跟前，面带微笑地说："先生，实在对不起，由于我的疏忽，延误了您吃药的时间，我感到非常抱歉。"这位乘客抬起左手，指着手表说道："怎么回事？有你这样服务的吗？"空姐手里端着水，心里感到很委屈。但是，无论她怎么解释，这位挑剔的乘客都不肯原谅她的疏忽。

接下来的飞行途中，为了补偿自己的过失，每次去客舱给乘客服务时，空姐都会特意走到那位乘客面前，面带微笑地询问他是否需要水，或者别的什么帮助。然而，那位乘客余怒未消，摆出一副不合作的样子，并不理会空姐。

临到目的地前，那位乘客要求空姐把留言本给他送过去。很显然，他要投诉这名空姐。此时，空姐心里虽然很委屈，但是仍然不失职业道德，显得非常有礼貌，而且面带微笑地说道："先生，请允许我再次向您表示真诚的歉意，无论你提出什么意见，我都将欣然接受您的批评！"那位乘客脸色一紧，准备说什么，可是却没有开口。他接过留言本，开始在本子上写了起来。

等到飞机安全降落，所有乘客陆续离开后，空姐本以为这下完了，没想到，等她打开留言本，却惊奇地发现，那位乘客在本子上写下的并不是投诉信，而是一封热情洋溢的表扬信。

是什么使得这位挑剔的乘客最终放弃了投诉呢？在信中，空姐读到这样一句话："在整个过程中，您表现出了真诚的歉意，特别是你的12次微笑，深深地打动了我，使我最终决定将投诉信写成表扬信！你的服务质量很高，下次如果有机会，我还将乘坐你们的这趟航班！"

如果空姐没有持之以恒地付出真诚，那么留言本上留下的肯定是一封措辞激烈的投诉信。其实，表扬信与投诉信并不是重要的，重要的是，她用她的真诚灌溉了一颗心，让挑剔的乘客在下飞机的那一刻，换上了愉悦的心情。而她自己在翻开留言本的时候，亦是品尝到了满满的幸福。

人的一生，会有很多的物质追求，但最能影响心情的还是精神上的收获。所以，任何时候，都要尽量用自己的真诚给别人一缕阳光，真诚地付出，一定会有美好的回报。

某酒店大堂的电梯坏了，大堂经理气急败坏地打电话给电梯公司服务部。15分钟后，电梯公司的维修队来了，带头的那个人鞠躬道歉，说："对不起，是我们的错。"然后，他们开始检查。那个领队乘着电梯，从一楼到顶楼，逐层检查，两个小时后，他满身大汗地下来了。大堂经理问："什么原因?"他还是鞠躬，说："是我们的错，我们发现顶楼有不明来源的漏水情况。如果你不介意的话，请随我到顶楼看看。"

他们到达顶楼后，发现顶楼确实有不明来源的水滴到电梯顶部的开关盒上，造成短路。很明显，这并不是电梯的质量问题。但是，电梯公司服务部员工还是一再说是自己的错。在接下来的5天，大堂经理每天都收到电梯公司的电话，问有没有出问题。大堂经理被烦得不行了，说："有问题我们会找你的。"但对方还是坚持打电话来。

到了第6天，电梯公司的人亲自来了，给电梯开关装了一个防水的盒子。由于他们专门制作这个盒子需要三四天时间。所以，在这期间，他们每天打电话来询问电梯的状况，怕这期间再出意外。

其实，做人和一个公司的发展壮大，是一个道理。没有谁的成功是平白无故就得来的，公司需要真诚的经销理念，我们个人也需要真诚待人的美德。

古人常说"吃亏是福"，看样子，这未必是自我安慰。在很多人眼里，真诚的付出是吃亏，但隐藏在吃亏后面的收获，又是几个人能看透呢？

所以即便有些人辜负了我们，我们也要坦诚地对待他们，我们要相信，我们正在做的事情是在用我们的热情去捍卫他们即将失去光泽的心灵。只要我们一直坚持，迟早有一天，他们会发现我们的真诚。

心在左胸，留住它的真诚，不仅仅是为了他人，也是为了你自己。

给自己一段时间，走不过去就退回来

> 大地很宽，人的一生却很有限。我们不能无休止地把时间浪费在一条走不下去的道路上，给自己一段时间，一段等待的时间，如果这段时间内道路畅通了，就走下去；如果通路依然不通畅，就要毫不犹豫地退回来。这不是无能，而是理智。

在选择我们即将要走的道路时，没有人能一口断定，他的选择绝对没问题！

路在脚下，看不见尽头。选择出现错误也是情有可原的事。

这个世界上没有谁可以确定"这条路你一定要走下去"；也没有一条路，你一定要一辈子一直走下去；如果不快乐，如果不值得，就退回来。退回来的并非就是弱者。

大地很宽，人的一生却很有限。我们不能无休止地把时间浪费在一条走不下去的道路上，给自己一段时间，一段等待的时间，如果这段时间内道路畅通了，就走下去；如果道路依然不通畅，就要毫不犹豫地退回来。这不是无能，而是理智。

小傅是我十多年前教过的一个学生。

高二时，小傅迷上了画画。他不顾父母的反对，丢下文化课，执意拜师学绘画。他画了两年，已画得很专业了。高考时，他竟被一所颇有名气的美院录取。小傅满怀信心地踏进美院。他以为只要再埋头4年，毕业出来，他必是一个人人敬重的画家。

4年大学，小傅的业余时间全都用到了绘画上。他还自掏腰包，去全国各地采风。一遇到画展，他更是想尽办法去观摩，哪怕花尽口袋里的最后一分钱。

小傅的努力没有白费，他以优异的成绩从美院毕业。迎接他的却不是掌声和鲜花，而是生存的现实。小傅捧了他的画作去应聘。礼貌一点的，接过他的画作，浮光掠影看两眼，对他说声抱歉。更多的却是，对他的画作作无视状，咄咄逼人地问他："你会计算机吗？你会英语吗？"他除了画画，这些还真不会。他只能碰一鼻子灰。

小傅也曾在路口摆摊卖过自己的画。南来北往的人都是匆匆复匆匆，瞟都没瞟他一眼。他一张画也没卖出去过。为了生存，小傅去旅游景点为游客画像。后来，他又进了一家装裱店，专门临摹名人的画。当初理想的色彩，一点一点地褪色了，小傅渐渐地失了目标，找不到自己了。

表叔这个时候找来。表叔经营木地板，生意做得挺大的。他公司里刚刚走了个销售经理，他想让小傅顶上。表叔说："大学生头脑灵活，我信得过你。"小傅丢了画笔，跟着表叔走了。

半年下来，小傅在木地板市场上已是如鱼得水。两年后，他自己开了个小门市。三年后，小门市扩成大门市。五年后，他成立了自己的公司，手底下也有几十号人。他在这行里，渐渐地风生水起。

现在，小傅每天忙忙碌碌，为公司的良性运转打拼。他有时也会放自己的假，揣着赚来的钱，飞去巴黎看画展，或是飞去澳大利亚看雕塑。兴致上来了，他会铺开宣纸，画上两笔，送人，或自己张贴在墙上，自娱自乐。这个时候，爱好纯粹就是爱好。小傅觉得，这样活着，也挺有意思的。

每个人都有理想，但理想却变不成现实生活。当理想和现实生活起了冲突，连生活都不能保证的时候，我们又拿什么去谈理想？所以，我们不要抱着理想不放，曾经的理想，并非不可以放弃。当它山穷水尽、无路可走的时候，我们不应在绝处抱头痛哭，而是应该果断地换一种活法，人生的精彩可能就此一触即发。

有的时候，我们需要的不是突然降临的机遇，而是重新来过的勇气。

某人很固执，在木材生意低潮的时候，他非要投资做木材。赔了本之后，他没有沮丧，而是不惜一切代价地继续贩卖木材。没钱，他就去借。可是，这一次他还是失败了，而且比上一次败得更惨。某人还不死心，打算继续去借钱做木材生意。一位要好的朋友劝他，说："别做了，做了也是赔，何不转行做别的生意？"

某人说："你这就不懂了，我现在赔是因为木材生意不景气，如果我一直坚持，最后胜利的就是我。"朋友见他如此执迷不悟，很生气，可又劝不了他，很无奈。

这一天，朋友和他走在一条路上，这条路到处都是坑坑洼洼的，很难走，俩人差一点就要摔倒。朋友说："咱们换一条路走吧！"某人摇着头说："不，都走到路中间了，现在折回去太费时间，还麻烦，不如坚持到底吧！"朋友无奈，只好和他继续向前走去。走着走着，他们发现前面设上了路障，再也无法前进了，他们只能后退。

回去的路上，朋友忍不住说："早知道是条死路，就应该听我的建议，换条路走。"某人叹了口气说："我又不是神仙，咋知道前面是条死路？"

朋友说："我看你现在就走在一条死路上，而且还在执迷不悟地不停地走着，我只怕你走到头，前方却是死胡同，那就已经无路可走了。"

某人听罢，认真地思考了一下，恍然大悟，回去后他放弃了木材生意，改做了别的生意，竟然颇有收获。

在现实中，诸如此类的人很多，明明走在死路上，只要不看到路障就坚决不会回头。一路上他们不断给自己打气，以为可以成功，到头却还是一无所获。

其实，我们完全不需要坚持到最后，看到坑坑洼洼的道路的时候，我们就要有一种心理准备：这可能是一条死路。这个时候我们就要给自己制定计划，再走多长一段时间，如果还是这样的路况，就往后退，换条路，不能一味地走下去。这是一种对自己的人生负责的智慧：给自己一段时间，走不过去就退回来。

没有停不下来的雨，没有等不到的晴天

> 雨季再长，也终会停息。只要你竖着耳朵认真地听，你迟早会听到阳光拨开云朵的声音。

有一群人，他们从出生的那天起就不快乐，从出生的那刻起，他们的天空就堆满了乌云，目力所及之处都是没有希望的灰色。于是，

他们开始埋怨上苍厚此薄彼，开始抱怨上苍的不公，开始刻意放大自己的不足，深深地厌恶自己。

是的，有这样一群人，生活在阴冷的雨季，没感受过太阳的温暖。很多时候，他们会觉得自己是上天遗忘的种族，离幸运太远太远，即使自己再用力地跑，再用力地跑，也跑不出这片雨的天空。

一个人处在这片雨中，孤寂悲凉。于是，他放弃了。在很多个寂寞的夜里，他听着伤心的歌，读着忧伤的诗，不再期盼黎明的到来。甚至他会觉得这是一段可有可无的人生。

如果你觉得生和死一样，都是黑色的。这么想的时候，你有没有把手按住你的心脏，问问它痛了没有？它当真如你想的那般，想放弃？还是想和其他人一样，在温暖的阳光下，喃喃细语。

雨季再长，也终会停息。只要你竖着耳朵认真地听，你迟早会听到阳光拨开云朵的声音。

走下五级台阶，她足足花了4分钟。从轮椅踏板上，她把自己严重萎缩的双脚挪开，双手撑着椅垫，让身子从轮椅上滑到地面，然后蹲着用一只手抓住轮椅，慢慢地推下第一级台阶，一级接一级。就这样艰难地下来后，她整理了一下帽子和衣服，笑了笑，说："好了，可以上路了。"

这个轮椅女孩叫谭伊玲。她9岁时，因患脊髓瘤致残，离开轮椅的她，只能蹲在地上挪动身体。为了给她治病，家里已一贫如洗。为了让父母能过上好日子，她只身来到北京，寻找实现梦想的机会。这次出门之前，她又一次接到了一家公司的面试邀请。她租住在北京的六环附近，面试的公司在二环附近。艰难地走下五级台阶后，她独自推着轮椅，行走在刺骨的寒风中。在上下公交车和地铁站口的台阶时，轮椅无法通行，徘徊好久之后，她只得一次又一次地求助。她忍住不喝一口水,因为上厕所不方便。即便如此,她的脸上始终笑容多于愁容。一路上,她对那些关心她的人说着同样的话:"我去参加面试。"那语气仿佛在说:"我马上就有工作了。"

从出门到到达面试地点,她整整花了4个小时。对一个健全人来说,这样的时长差不多可以来回两趟了。面试却相当短暂:考官让她把轮椅推到一张桌子旁,给她倒了一杯开水,说了一声"你好"之后,让她填写一张表格,最后说了一句婉拒的话,整个过程只用了不到4分钟。

4个小时的奔波换来的是不到4分钟的"展示",这个事实,她坦然接受。因为此前她所经历的类似面试已经不下10次。事实上,每一次她都是带着笑容,推着轮椅出门,然后去面对一个又一个艰难的面试。

她说,也许天使正在休年假,但是,出了门就应该满怀希望。

终于有一天,一个拍客真实地记录下了她的艰难、她的笑容、她的执着。她的故事感动了千万人。人们向她伸出援手,帮她租下一个摊位。后来,很多人都到她的摊位购买东西,她的生意一天比一天好。

就这样,轮椅女孩谭伊玲凭着永远阳光的心态,顺利地通过了一场由千万人充当考官的人生面试。

谭伊玲的故事告诉我们,只要耐心地等下去,总会等到阳光灿烂的时刻。我们正在经历的跋涉,只是上天对我们的一个考验。也许考题是难了一些,但是只要我们坚持下去,别人拥有的笑容迟早有一天也会在我们的脸上浮现。

我们不需要自怨自艾,等着雨停的时间里,看一点书,学一点技能,给自己补充一点能量。如果自己都不给自己走出雨季的机会,那么就算太阳出来了,你又可以拿什么去飞翔?

巴雷尼小时候因病成为残疾。母亲的心就像刀绞一样，但她还是强忍住自己的悲痛。她想，孩子现在最需要的是鼓励和帮助，而不是妈妈的眼泪。母亲来到巴雷尼的病床前，拉着他的手说："孩子，妈妈相信你是一个有志气的人，希望你能用自己的双腿，在人生的道路上勇敢地走下去！好巴雷尼，你能够答应妈妈吗？"

母亲的话，像铁锤一样撞击着巴雷尼的心扉，他"哇"的一声，扑到母亲怀里大哭起来。

从那以后，妈妈只要一有空，就带着巴雷尼练习走路，做体操，常常累得满头大汗。有一次妈妈得了重感冒，她想，做母亲的不仅要言传，还要身教。尽管发着高烧，她还是下床按计划帮助巴雷尼练习走路。黄豆般的汗水从妈妈脸上淌下来，她用干毛巾擦了擦，咬紧牙，硬是帮巴雷尼完成了当天的锻炼计划。

体育锻炼弥补了由于残疾给巴雷尼带来的不便。母亲的榜样行为，更是深深地教育了巴雷尼，他终于经受住了命运给他的严酷打击。他刻苦学习，学习成绩一直在班上名列前茅。最后，他以优异的成绩考进了维也纳大学医学院。大学毕业后，巴雷尼以全部精力，致力于耳科神经学的研究。最后，巴雷尼终于登上了诺贝尔生理学和医学奖的领奖台。

巴雷尼是一个英雄。他不仅经受住了命运给他的严酷打击，还把这个打击视成动力，一跃成为诺贝尔获奖者。这样的殊荣是健全人都难以企及的。

我们不一定要成为人类仰视的人，但至少不要让自己一直一蹶不振。所以，勇敢地擦干眼角的泪，果断地告诉自己，这个世界没有停不下来的雨，阴雨绵绵的日子迟早都会过去。只要你愿意，你就会发现：追逐阳光，比身处阳光下更明媚。

聆听自己的心跳，你才知道自己真正的需要

适当的时候，给自己一个重新审视自己的机会，学会聆听自己的心声，不再为习惯而生活，要真真实实地为自己活上一次。你会惊喜地发现，原来日子还可以这么过。

有时候我们做的很多事，只是习惯使然。习惯了早上7点起床，习惯了晚上10点睡觉，习惯了忙忙碌碌的生活，习惯了某个人的相伴……因为坚持的时间长了，就觉得这样才是最正确的做法，只有这样做，才不会背离轨迹。我们从来没有思考过，这当真是自己愿意做的事情吗？甚至我们从来没有考虑过，我们这么做究竟是为了什么。

适当的时候，给自己一个重新审视自己的机会，学会聆听自己的心跳，不再为习惯而生活，要真真实实地为自己活上一次。你会惊喜地发现，原来日子还可以这么过。

上大学时，有一次我们去一位老教授家里做客。老教授提出要做个测试。我们顿时都来了兴致。

老教授问："如果你去山上砍树，正好面前有两棵树，一棵粗，另一棵较细，你会砍哪一棵？"问题一出，大家都说："当然砍那棵粗的了！"

老教授一笑，说："那棵粗的不过是一棵普通的杨树，而那棵细的却是红松，现在你们会砍哪一棵？"我们一想，红松比较珍贵，就

说："当然砍红松了，杨树不值钱！"

老教授带着不变的微笑看着我们，问："那如果杨树是笔直的，而红松却七歪八扭，你们会砍哪一棵？"我们觉得有些疑惑，就说："如果这样的话，还是砍杨树吧，红松弯弯曲曲的，什么都做不了！"

老教授目光闪烁着，我们猜想他又要加条件了，果然，他说："杨树虽然笔直，可由于年头太多，中间大多空了，这时，你们会砍哪一棵？"虽然搞不懂老教授的葫芦里卖的什么药，我们还是从他所给的条件出发，说："那还是砍红松吧，杨树都中空了，更没有用！"

老教授紧接着问："可是红松虽然不是中空的，但它扭曲得太厉害，砍起来非常困难，你们会砍哪一棵？"我们索性也不去考虑他到底想得出什么结论，就说："那就砍杨树，同样没啥大用，当然挑容易砍的砍了！"

老教授不容喘息地问："可是杨树之上有个鸟巢，几只幼鸟正躲在巢中，你会砍哪一棵？"终于，有人问："教授，您问来问去的，导致我们一会儿砍杨树，一会儿砍红松，选择总是随着您的条件增多而变化，您到底想告诉我们什么、测试些什么呢？"

老教授收起笑容，说："你们怎么就没人问问自己，到底为什么砍树呢？虽然我的条件不断变化，可是最终结果取决于你们最初的动机。如果想要取柴，你就砍杨树，想做工艺品，就砍红松。你们当然不会无缘无故地提着斧头上山砍树！一个人，只有在心中先有了目标，先有了目的，做事的时候才不会被各种条件和现象所迷惑，才不会偏离正轨。这就是我的测试，也是我想要告诉你们的！"

很多时候，我们就像故事中的人，在面临选择的时候，只能以主观的思维去决定如何选择，却不去考虑客观上是否适合这样的决定。就像老教授最后总结的那样，如果想要取柴，就砍杨树，如果想做工艺品，就砍红松。

我们不要被好的表象所迷惑。要知道好的不一定就是适合的，适合的才是最好的。这样，选择的时候才不会手忙脚乱。选择无时不在，面对选择的时候，我们不要太关注外界的评价，要忘记我们的习惯，聆听一下自己的心声，做自己真心想做的事情。那是对自己的尊重，也是对自己负责的态度。

人的一生不可能永远都一帆风顺、心想事成，要面对太多太多的选择。这个时候，要忘却自己一直在做的事情，但不能武断地下结论：天哪，这是多难的事情啊，我不可能完成！我们不能被习惯束缚，学会聆听自己的心声，学着去尝试，这个时候，你的选择才不会偏离心的方向，你才会越来越快乐。

弯下腰，给自己制造一个可以昂起头的机会

如果弯下腰，就可以换一个昂起头的机会。那么，请重视这样用卑微的姿态换回来的机会。因为这个机会，或许也能改变我们未来的人生。事实上，成功就是一次次弯腰的累积。

我们从小就被灌输了一种理念：做人要有骨气，不要轻易地低下自己高贵的头。所以很多时候，明知前面是个圈套，为了不弯下自己

的腰，我们宁愿粉身碎骨，也要硬着头皮、挺着腰板地走过去。

似乎只有这样做才能证明自己是一个有骨气的人，自己是不折不扣的英雄。而在头颅昂给别人看之后，再把自己留在黑暗里偷偷地疗伤。

这么做的意义究竟是什么呢？这样做的时候，你真的快乐吗？

人是活在群体中的，但是也是一个个独立的个体，你不能永远只为别人的目光而活。如果一弯腰就可以解决的事情，就不要勉强自己站得直直的。弯腰不是丢人的事情，那只是理性地以一种最佳的方式处理问题的手段。

我们不能以固有的一种方式去处理问题，退不是一味地退，进也不能盲目地进。在适当的时候，弯下腰，换一个可以昂起头的机会。这也是我们处世的一种方式。

韩信很小的时候就失去了父母，主要靠钓鱼维持生活，经常受一位靠漂洗丝棉的老妇人的周济，韩信屡屡遭到周围人的歧视和冷遇。

一次，一群恶少当众羞辱韩信。有一个屠夫对韩信说："你虽然长得又高又大，喜欢带刀佩剑，其实你胆子小得很。有本事的话，你敢用你的佩剑来刺我吗？如果不敢，就从我的裤裆下钻过去。"韩信自知势单力薄，硬拼肯定吃亏。于是，当着许多围观人的面，从那个屠夫的裤裆下钻了过去。

但是，这事并没有妨碍他的成长，后来，他成为史书上赫赫有名的人物。

韩信遇到刻意的刁难时，没有维持所谓的男子汉尊严，而是衡量了利弊之后，果断地选择了弯下腰。这不是无能，而是智慧。一个成大事者不能拘于小节，任何时候都不能冲动。如果站直对自己只有弊的话，那么就应该果断地选择弯下腰钻过去。

或许这个过程中会受人讥笑，但讥笑只是一时的。最重要的是，弯下腰就能避免一场事端，为什么一定要头破血流呢？

他是一家上市公司的老总，腰缠万贯。他很久没有坐公共汽车了。有一天，他突发奇想，想体验一下普通百姓的生活。他投了币，找到一个靠窗的座位坐了下来。

车上的人渐渐多了，他闭上眼睛休息。忽然，有个尖厉的声音向他喊道："你就不能让个座啊？一个大男人一点儿都不绅士！"他睁开眼睛，看到一个妇女抱着一个婴儿站在他前面。而那个发出尖厉声音的妇女继续对着发愣的他吼道："瞅什么瞅？说你呢！"

全车的人都朝他这里望过来，他的脸唰地一下就红了。他赶紧站了起来，把座位让给了那个抱孩子的妇女。在下一站，他狼狈地逃下了车。下车前，他狠狠地看了一眼那个牙尖嘴利的丑女孩儿。

他的公司要招聘，在面试的时候，他亲自进行把关。他见到了一个面熟的人——是她，那个让他出丑的女孩儿。真是不是冤家不聚首，他在心里暗暗得意，终于有报复她的机会了。女孩儿也认出了他，神情顿时紧张起来，额头上冒出细密的汗珠。"你把我们每个人的皮鞋都擦一遍，就可以被录用了。"他对她说。

她站在那里，犹豫了很久。他在心里断定这个倔强的女孩儿是不会屈尊的，继续挑衅般地催促着她。没想到，她竟然同意了。在她给几个考官擦完鞋子后，他当众宣布，她被录用了。她并没有显得过于兴奋，只是微微地向众考官们道了声谢谢，然后对他说："算上您，我一共擦了5双鞋子，每双2元钱，请您付给我10元钱。然后，我才可以来上班。"他无论如何也没有想到女孩儿会这样说，只好很不情愿地给了她10元钱。更让他意想不到的是，女孩拿着10元钱走到公司门口一个捡垃圾的老人身边，把钱送给了老人。

从此，他对这个丑女孩儿刮目相看。事实上，在日后的工作中，女孩确实表现得非常出色，业绩出众。有一天，他忍不住问她："当初我那样难为你，你的心里有没有埋怨过我？"女孩儿却答非所问："我弯下腰，只为了换一个可以昂起头的机会。"

我们遇到类似的问题时，是否能拥有女孩那样的勇气呢？或许我们中更多的人愿意选择转过身潇洒离去。但是一个简单的转身，损失的就是一个机会。我们不知道这样的机会有多少，而选择弯下腰，除了一瞬的尊严，仔细想想也没有失去什么。就如女孩说的那样——"我弯下腰，只为了换一个可以昂起头的机会。"

所以，当你还不能在人前理直气壮地昂起头的时候，那么就要学会卑微。卑微不是社会对你的否认，而是成长对你的考验。

外面下着暴雨，在你急于找地方避雨的时候，你还有时间去在乎屋檐太低、不能让你挺直腰板吗？我们要理性地分析自己目前所处的环境，有高屋檐和矮屋檐放在我们面前任我们选择，我们当然不需要选择需要我们弯腰的那个。但是，只有一个备选项的时候，我们又有什么资格去挑剔呢？

如果弯下腰，就可以换一个昂起头的机会。那么，请重视这样用卑微的姿态换回来的机会。因为这个机会，或许也能改变我们未来的人生。事实上，成功就是一次次弯腰的累积。

放弃曾经的理想，是因为你如今的梦想已经达到了新的高度

> 取舍是很难的事，但是再难，我们也要学会取舍。曾经的理想，再投入、再深刻，也并非不能放弃。放弃了沉重的曾经，才能迎来崭新的自己。

成长中的我们都会经历某个异常执着的阶段，认定有些事是必须坚持的，有些感情是必须坚守的。我们就在自己的执拗中痛苦地挣扎着，听不进任何忠告，以为自己坚持的才是对的，在坚持的过程中，哪怕伤痕累累，也不愿停歇，似乎只有这样才对得起自己的青春，对得起自己短暂的人生。

我们不能说这样的坚持是错的，但是这样的坚持真的有意义吗？就像盖在玻璃罩里的苍蝇，以为总有一天能冲出去，但是，真有那么简单吗？

单纯的阶段性的执着只浪费一些时间也便罢了，而有些执念却坚持了很多年。许多年后被磨灭的除了我们的青春，还有破碎的信念。

放弃曾经的理想不是懦弱，而是为了达到新高度的一种智慧。

美国航空业在发展中最先要确定的是：做客机还是做货机？各大航空公司不约而同地回答："两个都做，因为客舱下面还有剩余的空间。"所以，美国的大航空公司都客货兼营。

航空公司接下来要决定到达地的问题，飞商务城市还是度假胜地？这次不约而同的说法是："两种都飞，为什么非要局限在一种到达地呢？休斯敦或檀香山我们都要占领。"

下一个是关于经营范围的抉择：飞国内还是飞国际？答案已经能猜出来，"老规矩，两种都拿下。"所以，美国的大航空公司既载客又运货，既飞国内又飞海外。

最后一个问题是：服务是提供给头等舱、商务舱还是经济舱？对此，绝大部分航空公司又一次不约而同地回答："三种都要，一种都不能少。"所以，美国的大航空公司都提供多级别服务，美利坚航空公司现在提供七种级别的服务：经济舱超省、经济舱特省、灵活经济舱、即时升级、特别商务级、灵活商务舱以及灵通至上。

只有美国的西南航空公司一家比较"另类"，它的飞机只飞商务城市，不飞度假地；只有经济舱，不提供头等舱或商务舱；只飞国内，不飞国际，而且，西南航空公司只用波音757这一种机型，与之相对的是，美国三角洲航空公司有8种机型，美利坚航空公司也是8种。

当大家都笑西南航空公司"鼠目寸光"的时候，差别却很快显现出来。正是这种"短浅目光"，提升了西南航空公司的运营能力，成为其投诉率在整个美国航空业常年保持最低的原因。

这种"目光短浅"，还提升了其维护能力。如果机械工和维修工只维护波音757一种机型，那么，整体维护和服务水平更容易掌控。在过去三十多年的运营中，西南航空公司保持了零事故的纪录。

西南航空公司在过去一年中更是保持了良好的盈利势头，而当初豪气冲天的美国其他各大航空公司，除了美利坚航空公司以外，都相继破产，而美利坚航空公司这一时期的亏损额也达到45亿美元。

目光不用太远大，想跟比你更强大的对手竞争，只需要一个比它更狭窄的焦点。

西南航空公司因为放弃很大一部分市场而被嘲讽，但是恰恰因为它的放弃，才让它在各大航空公司破产亏损的同期，保持了良好的盈利势头。

所以，放弃不是胆怯，相反，那是睿智。

我们再来看另一个睿智的故事。

上世纪60年代，日本松下通信工业公司曾投入巨额资金，用于大型电子计算机开发。1964年，公司总裁松下幸之助突然宣布放弃这个项目。公司员工非常不解，认为这样半途而废是错误的。

松下幸之助这样分析：当时，大型电子计算机市场几乎被IBM垄断，富士通、日立等公司也正在为抢占市场而费尽心机，此时涉足其中很难取得成果，公司的决策已经出错，继续错下去，就可能满盘皆输。

事实证明松下幸之助的决定是明智的。他们既没有与IBM抗争，也没有与富士通、日立为伍，而是专注于发展企业传统产品，走出了自己的特色之路。

我们常说：坚持就是胜利。持之以恒的精神固然可贵，但如果我们坚持、固守的东西有问题，甚至是错误的，坚持到底的结果只能是一错再错。

我们还知道一句话：如果方向错了，停下来就是前进。世界如此之大，到处都有机会和选择，一条道走到黑，不撞南墙不回头，结果往往令人追悔莫及。

经商如此，经营人生更是如此。人生允许半途而废，敢于否定自己，敢于放弃不切实际的理想，也是一种生存的智慧。

每个人的心里都有一个圈，有些人的圈画得大一些，有些人的圈画得小一些。更多的却是在一次次头破血流的经历后，心碎了，把画的圈抹去了。

这个圈就是我们曾经的理想。

没有谁可以去否认其中的刻骨铭心，但是即便这样，还是要在锐利的痛和一直痛之间做个选择。

执着没有错，错的是，选择了一个错误的方向。错误的方向，再坚持走下去，也只能越走越远。看到的一路经历的都是不属于你的风景，既然这样，这么坚持又何必呢？该止步的时候，我们就得止步。与其莫名地执着下去，不如换条路再走。即便再心痛，也要把自己收藏已久的那包贱卖。那是一场对往日的告别宴，不能富足，但至少可以平静。

取舍是很难的事，但是再难，我们也要学会取舍。

曾经的理想，再投入，再深刻，也并非不能放弃。放弃了，才能成为一个崭新的自己。

第四辑
你不是孤独的一个人

　　现实永远没有我们想象的那么美满、幸福，它有残忍的一面——它决意把残忍摆放到我们面前时，每个人都逃避不了。这个时候，即便再痛苦，也不能忽视和你一样需要帮助的人。

将美好的送给他人,你的灵魂也香起来了

送人玫瑰,手有余香。为了留住手里的香味,不妨大方地赠予别人美丽。

有的时候,因为自身的一些原因,在情绪低迷不稳时,我们就会无视身边那些需要帮助的人,甚至会想:"我为什么要帮助他们,我走到今天的这个境地谁又来帮助过我?"因为我们的失意,因为我们受到的挫折,我们颠覆了自己的世界观。此时,我们忽视了一个从心底里发出来的声音:"谁来帮帮我?谁来拉我一把?"

你可以忽视别人渴望帮助的眼神,但你有什么权力要求别人来帮助你?你的好坏与别人有什么关系?但是,当他们冷漠地走过的时候,我们却会愤恨,会谴责他们的无情。我们忘了,他们只是以你的方式做了与你相同的事情。

所以不管在什么时候,在力所能及的情况下,我们都要竭尽全力地去帮助别人。在帮助别人的过程中,我们得到的也许不是直接的或是可以用物质来体现的价值,但间接的或是精神上的收获却会变得很丰厚。

送人玫瑰,手有余香。为了留住手里的香味,不妨大方地赠予别人美丽。

在美国德克萨斯州的一个风雪交加的夜晚，一个名叫克雷斯的年轻人因为汽车"抛锚"而被困在郊外。正当他万分焦急的时候，有一个骑马的男子碰巧经过这里。见此情景，这男子二话没说便用马帮助克雷斯把汽车拉到了小镇上。事后，当感激不尽的克雷斯拿出不菲的美钞对他表示酬谢时，那位男子说："这不需要回报，但我要你给我一个承诺，当别人有困难的时候，你也要尽力帮助他人。"

于是，在后来的日子里，克雷斯主动帮助了许许多多的人，并且每次都没有忘记转述那句同样的话给所有被他帮助过的人。许多年后的一天，克雷斯被突然暴发的洪水困在一个孤岛上时，一位勇敢的少年冒着被洪水吞噬的危险救了他。当他感谢少年的时候，少年竟然也说出了那句克雷斯曾说过无数次的话："这不需要回报，但我要你给我一个承诺……"克雷斯胸中顿时涌起了一股暖暖的激流。

有时候，生活就是这样，我们在帮助别人的同时，也让自己收获了很多。

所以，我们一定要像克雷斯一样，用我们的善良为这个世界串起一条爱的链条。我们要坚信，即便我们的力量很渺小，但是只要坚持下去，一定会让这个世界越来越美好。

我们不要把帮助别人看成纯粹的付出，相反，我们要看到付出的光环下，美好的心情和袅袅升起的希望。

善良也是一种投资，虽然直接受益和最终受益的可能都不是你，但是帮助别人时的快乐也是一份很大的受益。能让自己快乐的事，为什么不去做呢？

这里还有一个故事：

第二次世界大战时期的一个冬天，天气异常寒冷。盟军欧洲战区总司令艾森豪威尔考察了法国某地后，乘车赶往总部，去参加紧急军事会议。这时，他突然发现前方有一位穿着邋遢的男子，蜷缩着坐在路边，冻得瑟瑟发抖。艾森豪威尔命令司机停下车，让随从把男子请上车来。随从有些不情愿，提醒说："我们要尽快赶到总部，还是不要管了吧！"艾森豪威尔却坚持说："他穿得那么少，如果我们不管他，他会被活活冻死的。"随从只好照做。

男子上车后，艾森豪威尔一问才知道那个人已经好几天没吃东西了。于是，艾森豪威尔把他送到附近的小镇，带他吃了饭，买了棉衣，临走时还给了他一些钱。然后，艾森豪威尔才赶往总部。

这件事本就这样过去了。可不久后，情报部门送来的一份情报让艾森豪威尔大吃一惊。原来，那天希特勒已经通过间谍得知了他的行程，早就安排好狙击手埋伏在路上。希特勒以为艾森豪威尔必死无疑，却不料计划失败了。行动失败后，希特勒一直怀疑是他们的间谍情报出了问题。殊不知，艾森豪威尔是因为救助流浪汉而临时改变了行车路线才躲过一劫。如果不是流浪汉的出现，历史也许将被改写。

艾森豪威尔的举手之劳让他捡回了自己的性命，所以，我们不能在需要得到别人帮助的时候，才想到要帮助别人；也不能小瞧每一个需要你帮助的人，可能就是那些你以为无足轻重的人改写了你的人生。

送人玫瑰，手有余香。幸福有的时候就是这么简单的事情，无关豪宅名车，无关奢华的表、名贵的包，当你帮助了一个需要帮助的人时，你的心就会涌出比这些物质享受丰满得多的愉悦。用我们的行动告诉需要帮助的人，这个世界没有谁是孤独的，因为总会有一双带着温度的手会及时地伸向他们，给他们传达温暖。身处这样的环境中，还有什么走不过的坎呢？

学会欣赏别人的能力，你才能正确对待自己的能力

> 我们也是别人眼中的"别人"，有时，不妨换一个角度，用欣赏的眼光看待他人，发现他人的长处。这样，也能帮助我们正确地看待自己的能力。

在工作、学习、生活的任何一种场合里，我们都习惯把自己放在主导的位置。总觉得："他怎么可以和我比，我才是最能干的，我才是最聪明的……"

自信没有错，那是对自己的肯定、认同，是自己前进的动力。我们需要自信，但是，在自信的过程中，我们总会不小心地夸大自己的优点，忽视别人的努力和某些优点。这是千万要不得的！相信自己的时候，我们也要学会认同别人。

我们也是别人眼中的"别人"，有时，不妨换一个角度，用欣赏的眼光看待他人，发现他人的长处。这样，也能帮助我们正确地看待自己的能力。

圣诞节临近，美国芝加哥西北郊的帕克里奇镇到处洋溢着喜庆、热烈的节日气氛。

正在读中学的谢丽拿着一叠不久前收到的圣诞贺卡，打算在好朋友希拉里面前炫耀一番。谁知希拉里却拿出了比她多10倍的圣诞贺

卡——这令她羡慕不已。

"你怎么有这么多的朋友？这有什么诀窍吗？"谢丽惊奇地问。

希拉里给谢丽讲了两年前她的一段经历——

"一个暖洋洋的中午，我和爸爸在郊区公园散步。在那儿，我看见一个很滑稽的老太太。天气那么暖和，她却紧裹着一件厚厚的羊绒大衣，脖子上围着一条毛围巾，仿佛天上正下着鹅毛大雪。我轻轻地拽了一下爸爸的胳膊说：'爸爸，你看那位老太太的样子多可笑啊！'

"当时爸爸的表情显得特别严肃。他沉默了一会儿，说：'希拉里，我突然发现你缺少一种本领，你不会欣赏别人。这证明你在与别人的交往中少了一份真诚和友善。'

"爸爸接着说：'那位老人穿着大衣，围着围巾，也许是大病初愈，身体还不太舒服。但你看她的表情，她注视着树枝上一朵清香、漂亮的丁香花，表情是那么生动，你不认为她很可爱吗？她渴望春天，喜欢美好的大自然。我觉得这位老人很令人感动！'

"爸爸领着我走到那位老人面前，微笑着说：'夫人，您欣赏春天时的神情真的令人感动，您使春天变得更美好了！'

"那老人似乎很激动：'谢谢，谢谢您！'她说着，便从提包里取出一小袋甜饼递给了我：'你真漂亮……'

"事后，爸爸对我说：'一定要学会真诚地欣赏别人，因为每个人都有值得我们欣赏的优点。当你这样做了，你就会获得很多的朋友。'"

功成名就的人也会有自卑情结，在自己探索未知世界时，或者追逐成功的过程中经历失败时，都期望得到别人的认同与肯定。就像故事中的老人，她以滑稽的姿态出现在人们的面前，但她的内心是渴望理解、渴望认同的，其实，她不想成为别人眼中的异类。

没有人愿意成为别人眼中的另类，所以，当我们遇到一个与众不同、做事方式与常人不同、想法有些怪异的人的时候，我们不要在还没了解他的时候就嘲讽他，而应该给他一个展示自己的空间，试着去了解他的想法和做法。因为我们也有与旁人不同的时候，而当我们处在这种境地的时候，我们也会希望得到别人的理解。

从前，齐国有一对要好的朋友，一个叫管仲，另外一个叫鲍叔牙。管仲年轻的时候，家里很穷，他要奉养母亲。鲍叔牙知道了，就找管仲一起投资做生意。做生意的时候，因为管仲没有钱，所以本钱几乎都是鲍叔牙拿出来的。可是，当赚了钱以后，管仲却拿的钱比鲍叔牙还多。鲍叔牙的仆人看不过去，说："这个管仲真奇怪，本钱拿得比我们主人少，分钱的时候却拿的比我们主人还多！"鲍叔牙对仆人说："不可以这么说！管仲家里穷，又要奉养母亲，多拿一点是没有关系的。"

有一次，管仲和鲍叔牙一起去打仗。每次进攻的时候，管仲都躲在最后面。大家就骂管仲说："管仲是一个贪生怕死的人！"鲍叔牙马上替管仲说话："你们误会管仲了，他不是怕死，他得留着命回去照顾老母亲呀！"管仲听到之后说："生我的是父母，了解我的人却是鲍叔牙呀！"

后来，齐国的国王死掉了，公子诸当上了国王。齐王诸每天吃喝玩乐不做事，鲍叔牙预感齐国一定会发生内乱，就带着公子小白逃到莒国，管仲则带着公子纠逃到鲁国。

不久之后，齐王诸被人杀死，齐国真的发生了内乱。管仲想杀掉小白，让纠能顺利地当上国王，可惜管仲在暗算小白时，把箭射偏了，小白没死。后来，鲍叔牙和小白比管仲和纠更早地回到齐国，小白当上了齐王。

小白当上齐王后，决定封鲍叔牙为相国。鲍叔牙却对小白说："管仲各方面都比我强，应该请他来当相国才对呀！"小白一听："管仲要杀我，他是我的仇人，你居然叫我请他来当相国！"鲍叔牙却说："这不能怪他，他是为了帮他的主人纠才这么做的呀！"小白听从了鲍叔牙的话，请管仲回来当相国。管仲也真的帮小白把齐国治理得非常好。

管仲有鲍叔牙这样的朋友是幸运的。不论管仲做了多少旁人不能理解的事情，鲍叔牙却一直以朋友的立场，给了他最大程度的认可。一个人的一生能有个推心置腹的朋友是不容易的。第一步要做的就是要懂得欣赏他、认同他。

人和人交往的过程中，认同是很重要的。认同别人多一些，别人也会更加认同你。这不是礼尚往来，而是发自内心的真诚。

失去是为了给更多的获得腾出空间

我们要学会调整自己的心态，不要失去击垮。活着就有失去，我们不妨把失去当成激励我们进步的动力——成就我们下一步的收获。

有时，我们认真地思索一下，就会惊奇地发现，在成长的过程中，我们似乎一路都在失去：失去了我们无忧无虑的童年，失去了记

忆里的纸飞机，失去了第一个对你表白的小男生，失去了无法再追回的时间……

有些人沉溺在这些失去中，忧伤不已。他们忽视了这一路上也曾有过的收获：获得了长大的机会，获得了友谊，获得了被关注的目光，获得一个认可，获得了一段爱情……

得和失就像纠缠不休的两条线，有得有失，有失有得。但是，即便拥有的再多，我们也会在夜深人静时想起那些微小的失去。

可以偶尔忧伤，但不能沉沦其中。没有谁愿意失去，但是，我们必须面对必要的失去，要学会欣然接受，因为，有的时候，只有失去了才能有更多获得的机会。

在从纽约到波士顿的火车上，我发现隔壁座位的老先生是一位盲人。

我和盲人聊了起来，还端了杯热腾腾的咖啡给他喝。

当时正值洛杉矶种族暴乱的时期，我们因此就谈到了种族偏见问题。

老先生告诉我："我是美国南方人，从小就认为黑人低人一等。我家的佣人是黑人。我在南方时从未和黑人一起吃过饭，也从未和黑人一起上过学。到北方念书后，有一次，我被班上同学指定办一次野餐会。我在请帖上注明'我们保留拒绝任何人的权利'。在南方这句话的意思就是'我们不欢迎黑人'，当时全班哗然了。我因此被系主任抓去批评了一顿……有时碰到黑人店员，付钱的时候，我总将钱放在柜台上，让黑人去拿，不肯和黑人的手有任何接触……"

我笑着问他："那你当然不会和黑人结婚了。"

他大笑起来："我不和他们来往，如何会和黑人结婚？说实话，我认为任何白人和黑人结婚，都会使父母蒙辱。"

他在波士顿念研究生时,遭遇了车祸。虽然大难不死,但他的眼睛完全失明,什么也看不见了。他进入一家盲人重建院,在那里学习如何用点字技巧,如何靠手杖走路等等。慢慢地,他能够独立生活了。

他说:"我最苦恼的是,我弄不清楚对方是不是黑人。我向我的心理辅导员谈起这个问题,他也尽量开导我。我非常信赖他,什么都告诉他,将他看成良师益友。有一天,那位辅导员告诉我,他本人就是黑人。从此以后,我的偏见就完全消失了。我看不出对方是白人还是黑人,对我来讲,我只知道他是好人,不是坏人,至于肤色,对我已毫无意义。"

车快到波士顿,老先生说:"我失去了视力,也失去了偏见,这是一件多么幸福的事。"

在月台上,老先生的太太已在等他。两人亲切地拥抱。我猛然发现他太太竟是一位满头银发的黑人。我这才发现,我视力良好,但我的偏见还在,这是一件多么不幸的事!

如果故事中的老先生没有失去视力,可能他依然活在偏见中,更不可能娶一个黑人太太。所以,失去不一定就是坏事。中国就有一句古话:"塞翁失马,焉知非福。"当我们失去某些我们不想失去的人或事的时候,我们要给自己一个舒缓的空间,失去所带来的结果不一定是我们不能接受的,有时它甚至可能会给我们带来更大的收获。

我们要学会调整自己的心情,不要被失去击垮。活着就有失去,我们不妨把失去当成激励我们进步的动力——成就我们下一步的收获。

他来自农村,学的是医学专业。上了几年学,家里值钱的东西都被他变卖了交学费用了。医院不好进,他混了几年还是一个默默无闻的乡卫生员。

一辈子土里刨食、对他寄予太多希望的老父亲为此很着急，从百里外的农村老家赶来，带着他到医院求职。他成功地为某医院做了一例断肠结合手术。有热心人提醒他们父子要及时送礼。礼也送了——一壶家乡产的小磨香油，只是太轻了，轻得微不足道。院领导说，如果他能做断肢再植手术，就可以把他调进医院。

农民父亲听不出弦外之音，更着急不知要等到啥时候才会有断肢的病人来这小医院做接肢手术——即使有，也未必轮上儿子做。如果没有上手术台的机会，就意味着儿子还要一直等下去。

为了儿子的前途，生性笨拙的农民父亲突发奇想，一急之下，剁掉了自己的一个手指，在手术台上指名要儿子做手术……

手术后拆线，看着还能弯动的手指，农民父亲笑了，儿子却哭了。医院领导也无话可说了。

这是一个异常沉重的故事，我犹豫很久，才把这个故事放在这里。父爱是深沉的，没有钱，更没有背景，他选择了一种非常残忍的方式，用失去一根手指的代价给自己的孩子创造了一个机会。

很多时候，失去不是真正的失去，而是一种自救，就像壁虎，为了能顺利逃生，情愿痛苦地失去尾巴。与生命比较起来，尾巴又算得了什么呢？一点细微的痛楚又算得了什么呢？

我们不要惧怕失去，学会坦然地面对失去。

成长就是明白一个个"为什么"的过程

> 所有的真相就隐藏在一个个"为什么"之中,只要我们愿意,我们就可以从一个个"为什么"中找出问题的答案。要解决问题,仅靠一个人的冥思苦想是毫无用处的。

小时候,整个世界在我们眼里都是新奇的。我们缠着爸爸妈妈问这是为什么,那是为什么。我们在无休无止的"为什么"中长大了。等到我们长大,需要知道更多"为什么"的时候,我们却沉默了。想着唐突地提问会不会影响自己那维护得很好的成熟气质,会让别人觉得自己很肤浅。于是,我们学会了等待,觉得即使我们不问,最终也会有人告诉我们答案。

就在漫长的等待中,很多答案失去了耐心,离我们而去了。于是,我们学会了猜测。

事实是什么,真相是什么,于我们而言,已经不是太重要的事情了,我们认为自己从那些字里行间或者从那些微不足道的细节里知道了所谓的真相。思维告诉我们,这条路是走不通的。我们不会认真地去探究为什么走不通,却从主观上就认同了这种观点,认定它是走不通的,然后就退缩了。我们不会再浪费时间去探寻真正的真相,只会按照我们的认知去主观地臆想出一个真相。这就是成长赋予我们的自以为是。

难道在我们下判断之前，就不能问一下"为什么"吗？简单的询问可以避免与真相擦肩而过。

美国知名主持人林克莱特一天访问一名小朋友，问他说："你长大后想要当什么呀？"

小朋友天真地回答："嗯……我要当飞机驾驶员！"

林克莱特接着问："如果有一天，你的飞机飞到太平洋上空时所有引擎都熄火了，你会怎么办？"

小朋友想了想："我会先告诉坐在飞机上的人绑好安全带，然后我背上我的降落伞跳出去。"

当在现场的观众笑得前仰后合时，林克莱特继续注视着这位小朋友，想看看他是不是一个自作聪明的家伙。没想到，小朋友的两行热泪夺眶而出——这才使林克莱特发觉这小朋友的悲悯之情远非笔墨所能形容。

于是，林克莱特问他说："为什么要这么做？"

小朋友的答案透露出一个孩子真挚的想法："我要去拿燃料，我还要回来！！"

如果林克莱特只凭成人的主观想象，而不去再追问这个"为什么"，有谁能知道孩子内心真正的想法？我们只会认为这个孩子选择了自己逃跑，但事实呢？事实是他不是逃跑，而是他会带着希望回来。感谢这个"为什么"，让我们看到了最纯洁的灵魂。

所以，任何时候，不管别人给我们的答案多么让人感到莫名其妙，我们也不要草率地给他下定义。我们要试着提出"为什么"。为什么会有这样的想法，为什么会这么做，我们要耐心地听别人把话说完，听话不能只听一半，也不能把自己的意思投射到别人所说的话上去。我们不是他，我们无法预知他将要说什么。我们以为的不一定是事实的真相。

— 105 —

记住，我们的想象只能代表我们自己的想法，它不能囊括所有的真相。所有的真相就隐藏在一个个"为什么"之中，只要我们愿意，我们就可以从一个个"为什么"中找出问题的答案。要解决问题，仅靠一个人的冥思苦想是毫无用处的。

日本本田汽车公司曾经使用过提问创造性思维法来找出问题的最终原因，从而使问题得到根本的解决。

有一天，丰田汽车公司的一台生产配件的机器在生产期间突然停了。管理者就立即把大家召集起来，进行一系列提问。

问：机器为什么不转动了？

答：因为保险丝断了。

问：保险丝为什么会断？

答：因为超负荷而造成电流太大。

问：为什么会超负荷？

答：因为轴承枯涩不够润滑。

问：为什么轴承不够润滑？

答：因为油泵吸不上来润滑油。

问：为什么油泵吸不上来滑油？

答：因为抽油泵产生了严重的磨损。

问：为什么油泵会产生严重磨损？

答：因为油泵未装过滤器而使铁屑混入。

在上面的提问中，主要用"为什么"进行提问，连续用了6个"为什么"最终使问题得到了根本解决。当然，实际问题的解决过程中并不会像上面叙述的那么顺利，但主要的思路是这样的。

在这些提问中，当第一个"为什么"解决后就停止追问，认为问题已经得到解决，换上保险丝就打住了。这样，不久之后保险丝还会断，因为问题没有得到根本解决。

一个公司的难题尚且可以用一个个"为什么"加于推敲、解决。我们遇到问题的时候，是不是也可以试着多问问"为什么"。

多问问题多，多思思想多。这也是一种成熟、一种长大。记住："为什么"不是小孩子的专利，即便我们已经长大，我们也能问"为什么"。因为，成长就是明白一个个"为什么"的过程，你明白了一个个"为什么"，你就一步步地走向了成熟。

你的坚持，是对那些嘲笑最好的反击

外界的压力是巨大的，我们不要做嘲笑别人的人。当然，我们也不要被别人的嘲笑吓走。当我们怀着卑微的梦想，磕磕碰碰地往前走，面对一双双嘲讽的眼睛的时候，一定不要被这些目光吓倒而让自己变得胆怯。如果胆怯了，就会失去希望；如果不想失去，就一定要坚持：坚持用自己的行动去证明外界影响不到自己，坚持用自己的信念去撑起一个理想，坚持到所有嘲笑都停止。

我们都知道，认准了的事情，就应该坚持到底，直到有所收获。但是，很多时候，我们还是会选择浅尝辄止。其实，我们不是不想坚持，而是面对周遭的嘲笑时我们胆怯了，没有勇气在嘲讽中做一个我行我素的人。

就像一心想把铁杵磨成针的老太太遇到的幸好是李白,而偏巧李白又有这样的悟性,我们能从他的故事里找到"坚持到底就是胜利"的感悟,但不是每个人都有李白那样的悟性,只怕更多的人看着老太太日复一日地为了一根针的梦想而劳碌时,会嘲讽,会讥笑,会用一些刻薄的言辞迫使老太太放弃"铁杵磨成针"的坚持。

外界的压力是巨大的,我们不要做嘲笑别人的人。当然,我们也不要被别人的嘲笑吓走。当我们怀着卑微的梦想,磕磕碰碰地往前走,面对一双双嘲讽的眼睛的时候,一定不要被这些目光吓倒而让自己变得胆怯。如果胆怯了,就会失去希望;如果不想失去,就一定要坚持:坚持用自己的行动去证明外界影响不到自己,坚持用自己的信念去撑起一个理想,坚持到所有嘲笑都停止。

我10岁那年,有一次去县城的姑妈家玩,有生以来我第一次发现:许多城里人喜欢钓鱼,且收获颇丰。我觉得很新鲜,也很神奇。于是,我一直待在钓鱼人身边看,不舍得走。从姑妈家回来后,我便嚷着自己也要钓鱼。

我家门口就有一个大池塘,里面有不少杂鱼,从来没有人钓过。我想肯定能钓到。父亲知道后,找了一根竹子,又将缝衣针改造成鱼钩,自制了一根渔竿。可是,半天下来,我蹲在塘边,盯着水面看,居然没有一条鱼上钩。路过塘边的村里人很多,每次路过,他们都会觉得非常好奇。后来,他们发现我总是钓不到鱼,便开始觉得我异想天开,傻到家了,想靠一条线和一根竹竿就能钓到鱼。有人大声说:"你要是钓到鱼,我就把它买下来生吃了!"

一天下来,我一无所获。气急败坏的我打算不干了。父亲知道后,对我说:"你再钓一上午吧!兴许能钓到!你不是说姑妈家那儿有人钓到鱼了吗?"于是,我第二天便又蹲到池塘边,经过努力,我果然钓到了一条大鱼。

　　父亲教会了我一个道理,那就是看准的事情,就不要轻易动摇,要坚持,坚持到一切嘲笑都停止。

　　世界就是这样的,面对新兴事物,我们习惯站在否认的立场,以讥讽的眼神藐视一切,等待一场笑话的华丽登场。就像那群村民,以为故事里的孩子是异想天开,便开始嘲笑他。

　　一味地逃避不是办法,最好的办法就是用事实去说话。面对成功的事实时,所有的否认才会不攻自破。而在这之前,我们要做的就如故事中的小朋友一样,拿着自制的钓鱼竿,不要放弃。如果放弃了,当真就被旁人嘲笑去了。只有坚持到最后,才能用事实给流言蜚语最有力的还击。如果你不想被嘲讽击垮,就请坚持下去。

　　布鲁姆是小镇上出名的地痞,整日游手好闲,酗酒闹事。人们见到他,唯恐躲避不及。一天,他醉酒后失手打死了上门前来讨债的债主,于是他被判刑入狱。

　　入狱后的布鲁姆幡然悔悟,对以往的言行深感懊悔。一次,他成功地协助监狱制止了一次犯人的集体越狱,获得了减刑的机会。

　　从监狱中出来后,布鲁姆回到小镇上打算重新做人。他先是想找地方打工赚钱,结果全被对方拒绝。这些老板曾经都被布鲁姆敲诈过,谁也不要他这种人来工作。食不果腹的布鲁姆又来到亲朋好友家借钱,遭到的也是怀疑的眼光。他那一点刚充满希望的心又滑向失望的边缘。这时,镇长听说了布鲁姆的事情,就掏出了100美元,递给布鲁姆。布鲁姆接钱时没有显出过分的激动,平静地看了镇长一眼后,便消失在镇口的小路上。

　　数年后,布鲁姆从外地归来。他靠100美元起家,努力拼搏,最终成为一个腰缠万贯的富翁。他不仅还清了欠亲朋好友的旧账,还领回来一个漂亮的妻子。他来到镇长家,恭恭敬敬地捧上了200美元,说:"谢谢您!"

布鲁姆做过很多错事,杀过人,坐过牢,人们自然而然地把他划分到了坏人的行列。他们都戴着有色眼镜看他,以为这样的人永远没有出头之日。所以,当他想重新做人的时候,大伙都不信任他。不是当事人,我们很难想象布鲁姆当时遭受到的冷漠和讽刺的压力,如果没有镇长给他的100美元,他可能又会走回老路,在人们嘲讽的目光中承认"他就是这样的人"。

所以,在任何时候,我们都不要做嘲笑别人的人。或许有一天,我们会因为我们曾经的行为感到自己的肤浅。当然,在遭受别人嘲笑的时候,也不要气馁,要把嘲笑看成鞭策自己进步的动力,要坚持,坚持到嘲笑停止为止。

想看到真正的天空,就要先从井里跳出来

我们一定要尝试跳出思维给我们限定了的井,只有跳出了井,才能看到真正的天空。

人的思维是很奇怪的,长久地做一件事或者长久地相信一件事之后,就会形成固定思维,类似一口井,有了固定的深度和宽度,所有

思维都逃不出这口井的范围。于是，我们就在这口井的范围内，做着井允许的事情，以为这才是最正确的。更多的时候，我们被思维局限着，面对难题时完全找不到新的思路。

其实，我们只要略微用一下心，用力跳一跳，跳出这口井，就能找到全新的思路，看到真正的天空，可是，往往几次三番地碰到井壁的时候，就以为已经到了极限，一下子就把勇气撞回去了。

聪明如孙悟空，在如来手掌里翻了几个筋斗，几番腾云驾雾，依然没有飞出他的手掌。这不是他不够厉害，也不是如来太过厉害，而是因为他所见的一片天空就停驻在如来的手掌上，因为身在掌中，他不知道他所看到的只是一个手掌的宽度。

所以，遇到难题的时候，我们不要一味地把眼睛盯在表面现象上，而是要想着如何脱离思维的束缚——只有这样，才能找到崭新的思路。

有一个青年住在山顶。每天傍晚下工后，他都要走过一段崎岖小路，才能到家。

有一天，工厂赶工，他必须做超时工作。下工后，已到半夜了，当他经过那段小路时，突然狂风大作，乌云密布，大地一片漆黑，四处的灯又突然熄灭了。此时，他心情非常紧张，便加快步伐赶路。在仓促间，突然，他脚下一滑，掉进了一个大洞……

"救命啊！"在千钧一发之时，他抓住了一根树枝才没有掉落洞底。

那青年往下看，看不到洞底，四周又黑漆漆的，伸手不见五指。他双手一直抓住树枝不放，担心会掉进"无底洞"。

他无数次地高喊"救命"，希望能被路人听到，把他救上来。

突然，他听到上面传来一个声音："年轻人，你是不是在喊救命?"

"是啊,求您救救我!"

"年轻人,你要我救你,你一定要相信我!"那人说道。

"我相信您!"

"绝对相信?"

"绝对相信!"

"那好,放开你的双手吧!"

那青年人抓紧树枝,大声咒骂那个想害他的人:"你想害我,鬼才相信你呢!"他抓紧树枝拼命坚持。在他终于坚持不下去时,他掉了下去。他心想,这下完了!还没等他叫出口时,他的脚便落在了坚实的地上。

天亮时,他看到落地的地方距离那树枝很近。他很懊悔:"我早相信那人,不早就转危为安了?"

眼睛看不清的时候,我们习惯依赖自己的思维,而对那些给我们正确建议的人总是不能放开胆子加以信任。就像故事中的青年,明明放手就可以解决的难题,偏偏要等到坚持不下去时再被动地去尝试。明明离成功很近了,可就是因为我们的不信任,导致我们要走很多的弯路。待到我们等到最终的真相,再去看这件事,才感悟:原来可以这么简单。

为什么不可以这么简单呢?只不过思维给了我们一个复杂的暗示,我们就一定要在思维的井里寻找复杂的出路。

我们一定要尝试跳出思维给我们限定了的井,只有跳出了井,才能看到真正的天空。

我们再来看另一个故事:

下了一场非常大的雨,洪水开始淹没城市,一个神父在教堂里祈祷。眼看洪水已经淹到他的身体了。突然，一个救生员驾着小艇，对神父说："神父，快！快上来！不然洪水会把你淹死的！"

神父说："不！我要守着我的殿堂！我深信上帝会来救我的！"

过了不久，洪水已经淹过神父的头了。神父只好爬到桌子上。

这时，有一个警察开着小艇，跟神父说："神父，快，快上来！不然洪水会把你淹死的！"

神父说："不！我要守着我的殿堂！我深信上帝会来救我的！"

又过了一会儿，洪水已经把教堂淹没了。神父只好抓着教堂顶端的十字架。

一架直升机缓缓地飞过来。丢下绳梯之后，飞行员大叫："神父！快！快上来！不然洪水会把你淹死的！"

神父还是意志坚定地说："不！我深信上帝会来救我的！"

最后，神父就被淹死了……

神父上了天堂之后，见到了上帝，很生气地问："你是怎么搞的呀？这样，你的子民还会相信你吗？"上帝说："你到底想证明什么？我已经派了两艘小艇和一架直升机去救你了。是你不肯坐呀！"

神父信赖上帝，所认知和接受的也只有上帝。他知道上帝一定会救他，所以他一直在坚持，直到最后一刻都没有放弃。但是，他被他的思维局限住了，从来没有产生另外的想法：上帝可能会让别人来救他。所以，即便上帝救了他几次，他都因为走不出思维的束缚而选择了放弃。

在生活中，我们也会遇到类似的选择，我们一成不变地固守的信念，有时候就像井一样，会缩小我们思维的天空。我们再坚持、再努力也不能找准正确的方向。这个时候，我们不要盲目地坚持，要让思绪静下来，别让固有的思维局限了我们的想法。此时，只有跳出井，我们才能看到一片真正的天空。

只要信心尚在，天就不会塌下来

> 信念不灭，天就不会塌下来。我们要坚定这个信念，只有这样，才不会遗失阳光，才会快乐。

中国有句古话：哀莫大于心死。意思是最悲哀的事，莫过于思想顽钝、麻木不仁。也就是，最大的悲哀莫过于心情沮丧、意志消沉到不能自拔。

所以遭受失败挫折的时候，最怕就是心"死"，心中无念想，即便活着也只能是行尸走肉。那是最要不得的。就是百花齐放，映入眼帘的还是一片萧条。这时候，我们还能拿什么来谈快乐？

人的一生中肯定会遇到不少难题，但是不管遇到什么样的难题，我们都不要轻易地让心"死"，要给自己保留最后的勇气，和命运做最后的斗争。

信念不灭，天就不会塌下来。我们要坚定这个信念，只有这样，才不会遗失阳光，才会快乐。

中国有句俗话："得民心者，得天下。"可见，民心的重要性。

1858年，亚伯拉罕·林肯发表了著名演说《家庭纠纷》，要求限制黑人奴隶的发展，实现祖国统一。演说表达了北方资产阶级的愿望，也反映了全国人民的意愿，因而为林肯赢得了巨大声望，他也因此被推选为美国第十六届总统候选人之一。

在他参加美国第十六任总统选举时，比起其他所有议员，他是多么的穷困不堪啊！他没有专车接送，而是买票坐公交车。他没接受过高等教育，只是一个初中毕业生。但由于他的善良和勤恳，所以他有很多朋友，几乎每到一个地方，都有朋友来给他送行。这些朋友给他送行的东西不是什么高级礼品，而是一辆耕田用的牛车，以此来表明他的踏实和诚恳。

他会对每一个需要帮助的人伸出援手，毫不吝啬，并且从不透露自己就是将要竞选总统的林肯，也从不吹嘘自己有多伟大。当那些议员知道他是坐公交车来参加竞选时，几乎笑掉了大牙。

有一次在公交车上，选民们认出了他，于是都纷纷问他："你凭什么当总统，我们能依靠你什么？"林肯微笑着，向所有选民做了一个这样的演说："有人写信问我有多少财产，我有一位妻子和一个儿子，他们都是无价之宝。此外，我还有一个办公室，一张桌子，三把椅子，墙角还有一个大书架，架子上的书都值得每个人一读。我本人既穷又瘦，脸又很黑，不会发福。我实在没有什么可依靠的，现在唯一可依靠的，就是你们。"

多么勇敢的一番演说，他的踏实，他的谦虚，他对所有人的尊重，都在这一段平淡的话语里体现得淋漓尽致。

我们渴望生存的道理，无外乎在这个追求中：他人对自己的尊重；自己对他人的尊重；相互尊重。而这些，无论是由一个平凡的人还是伟大的人体现出来，都将有同样的震撼力。

最终，在1860年的总统选举大会上，林肯以压倒性的票数当选为美国第16任总统，并且成为美国历史上最受人民拥护和爱戴的总统之一。

一个没有学历、没有财富的总统候选人，无疑是议员们茶余饭后的笑料。在一场几乎没有胜算的比赛中，林肯没有被这种现状打败，依然保持着他最初的心，没有焦躁，没有低迷，最终，他成为录入美国史册的领导人。

所以，不管我们正在经历什么，都要保护好自己的心。我们要相信，只要信心尚在，天就不会塌下来。这个世界上，总有人能感应到我们炙热跳动的心。只要坚持下去，心的力量就会发挥出来，会让我们变得强大。

春秋战国时期，一位父亲和他儿子出征打仗。父亲已做了将军，儿子还只是一个马前卒。有一次号角吹响、战鼓雷鸣的时候，父亲庄严地托起一个箭囊，囊中插着一支箭。他郑重地对儿子说："这是家袭宝箭，佩带在身边力量无穷，但千万不可将它抽出来。"

那是一个极其精美的箭囊，用厚牛皮打制，镶着幽幽泛光的铜边儿，再看露出的箭尾，一眼便能看出是用上等孔雀羽毛制作的。儿子喜上眉梢，贪婪地推想箭杆、箭头的模样，耳旁仿佛有嗖嗖的箭声掠过，敌方主帅应声中箭而毙的情景。

果然，佩带箭囊的儿子英勇非凡，所向披靡。当鸣金收兵的号角吹响时，儿子再也禁不住得胜的豪气，完全忘记了父亲的叮嘱。强烈的欲望驱使着他呼的一声就拔出箭，试图看个究竟。骤然间，他惊呆了：一支断箭，箭囊里装着一支折断的箭！

我一直带着一支断箭在打仗呢！儿子吓出了一身冷汗，仿佛顷刻间失去支柱的房子，他的意志轰然倒塌。结果不言自明，儿子惨死于乱军之中。

拂开蒙蒙硝烟，父亲捡起那支断箭，沉重地叹了一口气："不相信自己的人，永远做不成将军。"

在不知道箭囊里装的是断箭的时候,儿子心里装满了信心,可是,当他得知箭囊里是支断箭的时候,他的心一下子就死了。最终,迎来的是他的死亡。

每个人的心里都有一个信念。我们不要轻易把它拔出来,如果自己都不认为自己是一支箭,自己都不相信自己的意志,那么,又如何让它锋利,让它百步穿杨、百发百中?要记住,磨砺、拯救它的只能是自己。所以,信心在的时候,我们不要轻易放弃,即便再艰难、再痛苦,也要告诉自己:只要信心尚在,天就不会塌下来。

把信念装进口袋,卑微也会伟大起来

> 信念不是财富,却有着财富无法比拟的力量,可以督促我们努力,激励我们进步。在我们无法改变我们的卑微之前,信念就是我们最大的宝藏,一定要好好地收藏它,不能轻易地丢弃它。

伟人成为伟人之前,很少有一帆风顺的,他们往往经历着我们难以想象的困苦和辛酸。成功是简单的,但走向成功的这条道路却是异常艰辛的。在黑暗中摸索的时候,我们依靠的是什么?

也许,下面的这个故事会给我们一些启迪。

尼克父亲早逝。他和哥哥以及母亲相依为命。哥哥每天都帮母亲

干活，减轻母亲的负担，而尼克就知道整天东奔西跑。

有一天，哥哥见尼克又要跑出去玩，便将他堵在了门口——哥哥希望他留在家里做点什么。尼克告诉哥哥，他并不是无所事事，而是在忙自己的事。哥哥问他在忙什么事。尼克说，他要用玻璃瓶建造一座城堡。哥哥听了大吃一惊，问尼克："你知道建造一座城堡需要多少个瓶子吗？"尼克说需要两万个。哥哥告诉尼克，两万个瓶子可不是个小数目。尼克说："我能捡到两万个瓶子。一天一天地捡，一年一年地捡，两年、三年或者五年，我一定能捡到这么多瓶子。"哥哥说："你去捡吧！"

哥哥不相信尼克，尼克也许能坚持十天半个月，但绝对坚持不到捡到两万个瓶子，就算尼克真的捡到了两万个瓶子，他也不可能用它们建造出一座城堡。

人们看到尼克每天四处翻垃圾捡瓶子，便问他要干什么。尼克说他要建造一座城堡。人们听了都大笑起来，劝尼克放弃，说他不可能捡到两万个瓶子，不可能建造出一座城堡。对于人们的两个"不可能"，尼克不以为然。

两年半之后，尼克终于捡够了两万个瓶子。面对堆得像一座山一样的瓶子，尼克露出了笑容。他告诉哥哥他下一步就是要开始建造城堡了。哥哥听了一笑，想尼克虽然能坚持捡够两万个瓶子，可是不可能用它们建造出一座城堡，因为还没有用瓶子建造城堡的先例，况且，瓶子是光滑的，一放上去就会掉下来摔碎，要用它们建造出一座城堡，简直就是天方夜谭。

正如哥哥所想的那样，刚开始时，尼克将瓶子一放上去，瓶子就立即滑下来摔得粉碎。哥哥担心尼克受伤，便劝他放弃。尼克哪里肯放弃，继续用瓶子建造城堡。他想，瓶子摔碎了可以再捡，城堡垮塌了可以再建。瓶子不断地摔碎，城堡不断地垮塌，可是尼克的信心没有破碎，梦想没有垮塌。经过半年的努力，尼克终于用两万个瓶子建造出了一座坚固的城堡，不怕风吹，不怕雨打。阳光下，城堡熠熠生辉，吸引了附近的人来参观。

尼克的城堡随之广为人知，尼克也一举成名。十几年后，尼克成为一名著名的设计师。由他设计的建筑，每一座都让人为之惊叹。有人问他为何能设计出如此与众不同的建筑。他提到了小时候建造城堡的事，他说："只要敢想、敢做，就没有什么做不成的事，因为梦想从不卑微。"

就像你看到的那样，一个想用瓶子造城堡的孩子，在别人不可理喻的目光下，成为一个著名的建筑设计师。从捡瓶子开始，他几度面临困难，但是他没有被两万个瓶子吓倒，也没有被摔碎的瓶子吓倒——造城堡的信念一直支撑着他。最终，他实现了他的梦想。

在梦想实现之前，奔走在失败之中的人都是卑微的。能支撑着我们继续往下走的理由只有一个——我们的信念。

信念不是财富，却有着财富无法比拟的力量，可以督促我们努力，激励我们进步。在我们无法改变我们的卑微之前，信念就是我们最大的宝藏，一定要好好地收藏它，不能轻易地丢弃它。

这是一个发生在非洲的真实故事。

6名矿工在很深的矿井下采煤。突然，矿井倒塌，出口被堵住，矿工们顿时与外界隔绝。这种事故在当地并不少见，凭借经验，他们意识到面临的最大问题是缺乏氧气——井下的空气最多还能让他们生存3个半小时。

6人当中只有一人有手表。于是，大家商定，由戴表的人每半小时通报一次。当第一个半小时过去的时候，戴表的矿工轻描淡写地说:"过了半小时。"但是,他心里却是异常紧张和焦虑,因为这是在向大家通报死亡线的临近。这时,他突然灵机一动,决定不让大家死得那么痛苦。第二个半小时到了,他没有出声。又过了一刻钟,他打起精神说:"一个小时了。"其实,时间已经过了75分钟。又过了一个小时,戴表的矿工才第三次通报所谓的"半小时"。同伴们都以为时间只过了90分钟,只有他知道,135分钟已经过去了。

事故发生4个半小时后,救援人员终于进来了。令他们感到惊讶的是,6人中竟有5人还活着,只有1个人窒息而死——他就是那个戴表的矿工。

这就是信念的力量。由于幸存者意识模糊,人们无法知道那位牺牲者是何时停止报时的,但他给了同伴求生的希望,自己却因为知道真相而没能坚持到底。

因为不知道时间,信念还在口袋里存放得好好的;因为知道了时间,信念也跟着时间从口袋中流逝了。有信念的人活下来了,没信念的人最终没能坚持到最后。

在磕磕碰碰行走的时候,有太多因素会影响我们的信念,但不管发生什么,我们一定要把我们的信念收好,即便再卑微,也要把信念装进口袋。因为我们留住了信念,就抓住了快乐。

第五辑
失去是因为用错了爱的方式

时间,让深的东西越来越深,让浅的东西越来越浅。看得淡一点,就会伤得少一点,时间过了,爱情淡了,也就散了。别等不该等的人,别伤不该伤的心。我们真的要过了很久才能够明白,自己真正怀念的是什么。而在这之前,我们最需要做的事,就是学会遗忘。

给人一点自由空间，爱需要适当的距离

这个世界上没有完美的人和事，看不到缺点，只因为还站得有些远。如果走近了，你就会发现之前的认知是肤浅、片面的。即使再爱，我们也要冷静地思考优点背后的缺点。很多你以为不会介意的缺点，当真的走进你的视线的时候，你可能就会没有之前的淡然了，甚至会慢慢地失去对于爱情的热情。因为，爱需要适当的距离。

在青春懵懂的年纪，我们就开始期待一场华丽的邂逅，无关英雄或是美人，只在乎怦然心动的一瞬。

关于爱情，我们总幻想得很多很多。在每一个场景里，自己都是为爱而生的主角。可以为爱而生，为爱而死。相视的时候，落在彼此的眼里，像满树盛开的桃花。在漫天飘舞的粉色花瓣中，只向对面的人微笑……

爱情固然是美好的，但是我们不能忽视再美的爱情也要存活在世俗中，即便披着再美丽的外衣依然少不了柴米油盐的俗气，依然要寻找自己的立身之地。这是我们逃避不了的现实，即便桃花开得再美，也不能忽略花谢时的声音。

我们不能把爱情和世界隔离开来，就像我们不能因为热爱白天，

而把黑夜拒绝在门外一样。爱情远没有我们想象的那么纯粹。在我们爱得死去活来、义无反顾的时候，我们不要被爱情的表象迷住了眼，看到的只有对方的优点。

这个世界上没有完美的人和事，看不到缺点，只因为还站得有些远。如果走近了，你就会发现之前的认知是肤浅、片面的。即使再爱，我们也要冷静地思考优点背后的缺点。很多你以为不会介意的缺点，当真的走进你的视线的时候，可能就会没有之前的淡然了，甚至会慢慢地失去对于爱情的热情。因为，爱需要适当的距离。

她认识他时刚刚大学毕业，她的脸上整天洋溢着热情的笑，纯美得像不食人间烟火的天使。

他比她大11岁。她在聚会中见到了他，他刚结束了一段失败的婚姻，像一只正在孤独疗伤的狼——不羁、昏暗、忧伤。她被他的眼神刺痛。聚会结束时，她找到他，要了他的电话号码。

他们开始联系，一起吃饭，然后拉着手一起散步。

他有和追求她的那些男生截然不同的气质，不会刻意地迁就她。她觉得那是男人的真实。他很少笑，她觉得那是男人的高傲。甚至他强吻她的时候，她都觉得那是男子汉的气魄。

她无可救药地爱上了他，不顾相差11岁的年龄差异，不顾他家里那个5岁的小孩，不顾自己家里人的反对……她哭着对反对她的家人说："还有什么比我爱他更重要的呢？"

家里人都哭了。

她和他最终如愿以偿地走到了一起。她以为她的幸福可以由此开始。

可是，有一次他的孩子拿着遥控飞机向她投了过去，把她的脸划破了一道口子，鲜血立刻就渗出来了，他却皱着眉，抬起头对她说：

"你就不能躲开一些吗?"

她一个人对着镜子,给小伤口消毒,贴创可贴。她第一次问自己,这就是自己想要的爱情?

而这才刚刚开始。

他不准她穿领口太低的衣服,不准她和男人聊天,不准她参加任何性质的同学聚会。甚至在家谈一下男同事的趣事,他都会发怒……

他们开始吵架。有一天,在一场争执之后,她把她的东西装进了行李箱,留给他的最后一句话:"我不后悔爱上你,却后悔嫁给你。"

是啊,不如不嫁给他,就像天上的星星,因为离得远,我们只能看到闪烁的光芒,所以会感叹:星星真美!如果靠近了,只会看到星星那颜色暗沉、坑坑洼洼的表面,哪还有什么星空的浪漫?所以,当我们决定靠近一个美好事物的时候,一定要有一个充分的准备,时刻准备接受他们的不完美,而不是还在那异想天开地认为:我终于可以接触完美了。

当然,不美好,不是一定要分开,而是要适应,要包容,但是,如果这些包容已经压得你喘不过气了,那么就要学会在两者之间再加上一段距离。爱情毕竟不是童话书,结尾不都是王子和公主永远幸福地在一起,对于那些只适合远观的人,我们就不要尝试近看——那是对自己的伤害。

他和她邂逅在火车上。他坐在她对面,他是个画家。他一直在画她。当他把画稿给她时,他们才知道彼此住在一个城市。两周后,她便认定了他是她一生所爱。

那年,她做了新娘,就像实现了一个梦想,感觉真好。但是,婚后的生活就像划过的火柴,擦亮之后就再也没了光亮。

他不拘小节、不爱干净、不擅交往。他崇尚自由,喜欢无拘无束,虽然她乖巧得像上帝的羔羊,可他仍觉得婚姻束缚了他。

她含着泪和他离了婚。

张爱玲说:"也许每一个男子全都有过这样的两个女人,至少两个。娶了红玫瑰,久而久之,红的变了墙上的一抹蚊子血,而白的还是'窗前明月光';娶了白玫瑰,白的便是衣服上沾的一粒饭黏子,红的却是心口上一颗朱砂痣。"这就是近看的结果,缺点看多了,连原有的优点都忽视了;而远远地看,缺点看得少,优点却越发鲜明了。

就像故事中的两个人,从远处看,他是个浪漫的画家。到近处了,才发现了他的不拘小节、不爱干净、不擅交往。能包容,这些都不是问题,不能包容,就要让自己退一步,回到自己原本的位置。给自己和他留一段可以忽视彼此缺点的距离。只有这样,才能不枉自己爱一场。

离开才是最绵长的回忆

有的时候,离开才是最绵长的回忆。虽然他不再陪在自己身侧,但是会永远地留在心头,带着些许温度。

不是所有的爱情都可以开花结果,不是所有的爱情都能长相厮守。百年才能修得同船渡,相爱的两个人得修多少年才能相遇?所以

有幸遇到了一个你爱的、偏巧又是爱你的人,一定要记得珍惜。珍惜两个人在一起的时光,珍惜两个人在一起时的快乐。因为我们不知道,下一秒,我们中的谁会不会因为某些事情而率先离开。

有一对情侣,男的非常懦弱,做什么事情之前都让女友先试。女友对此十分不满。

一次,两人出海。返航时,飓风将小艇摧毁,幸亏女友抓住了一块木板才保住了两人的性命。女友问男友:"你怕吗?"男友从怀中掏出一把水果刀,说:"怕,但有鲨鱼来,我就用这个对付它。"女友只是摇头苦笑。

不久,一艘货轮发现了他们,正当他们欣喜若狂时,一群鲨鱼出现了。女友大叫:"我们一起用力游,会没事的!"男友却突然用力将女友推进海里,独自扒着木板朝货轮游了过去,并喊道:"这次我先试!"

女友惊呆了,望着男友的背影,她感到非常绝望。鲨鱼正在逼近,可它们对女友不感兴趣,径直向男友游去。男友被鲨鱼凶猛地撕咬着,他发疯似的冲女友喊道:"我爱你!"

女友获救了。甲板上的人都在默哀。船长坐到女友身边说:"小姐,他是我见过的最勇敢的人。我们为他祈祷!"

"不,他是个胆小鬼。"女友冷冷地说。

"您怎么这样说呢?刚才,我一直用望远镜观察你们,我清楚地看到他把你推开后用刀子割破了自己的手腕。鲨鱼对血腥味很敏感,如果他不这样做来争取时间,恐怕你就不会出现在这艘船上……"

并不是生死相随的才是爱情。有的时候,对方的爱可能就在我们看不见的地方。那个女人以为在生死关头,贪生怕死的男友义无反顾地选择逃生,却抛弃了她,殊不知,他的离开是为了拯救她。

生活中，我们可能也会遇到某些人，当我们以为爱得不可自拔的时候，他却突然离开了。难过，伤心，愤怒，令我们痛不欲生。但是，因为没有船长，所以我们不知道他离开的确切原因，只知道，在我们的世界里，他是名副其实的负心汉。

其实，与其这样抱怨，让自己无法摆脱难过哀伤，还不如用一颗爱他的心去包容他的离开。他这么做只有两个理由，一个是为了他自己的幸福，第二个是为了让他爱的人幸福。

有些事情说穿了，真相就是这样简单。如果你当真爱他，你当然会愿意他更幸福；如果他为了让他爱的人幸福才这么做，那么你是不是更应该遂了他的心愿，好好地生活下去？

相爱的两个人不是一定要相拥在一起，就让我们跟随着时间的脚步，顺其自然地往前走，必须离开的时候，哪怕再心痛，也要淡然地挥一挥手，潇洒地走开。

有的时候，离开，才是最绵长的回忆。虽然他不再陪在自己身侧，但是会永远地留在心头，带着些许温度。

他和她是大学同学。他来自偏远的农村，她来自繁华的都市。他父亲是农民，她父亲是经理。除了这些，所有人都说他们是天生一对。她不顾家人的极力反对，他们最终还是走到了一起。

他是定向分配的考生，毕业后只能回到预定的单位。她放弃了父亲为她找好的单位，随他回到他所在县城。他在局里做着小职员，她在中学教书——他们过着艰辛而又平静的生活。在物欲横流的今天，这样的爱情不亚于好莱坞的"经典"。

那天，很冷。她拖着患重感冒的身体在学校给落课的学生补课。她给他打过电话，让他早点回家做饭。可当她又累又饿地回到家时，他不在，屋里冷锅冷灶，没有一丝人气。她刚要起身去做饭，他回来了。她问他去哪儿了。他说，因为她不能回来做饭，他就出去吃了。她很伤心，含着满眶泪水走进了卧室。她走过茶几时，裙角刮落了茶几上的花瓶，花瓶掉在地上，碎了。

半年后，她离开了县城，回到了繁华的都市。

因为不知道结局，所以爱情开始的时候，我们都会带着美好的憧憬，认为为了美好的爱情付出再多的苦、再多的累都是值得的。我们忽略了再美好的爱情也需要好的环境来维护，就像再优良的苹果树苗，也不是种在任何地方都可以结出又大又红的苹果。

因为不懂现实的重要，所以我们面对爱情的时候不愿意轻易地放手。就像故事中的主人公，为了守住爱情，可以不理会门当户对，可以不在乎身在何方，可以放弃好的工作单位……但是，舍去这些之后的爱情，已然没有了之前的活力和水分。日子清苦不可怕，可怕的是爱情也会日渐一日地清苦下去。

我们要学会珍惜两个人在一起的时间，也要学会在应当离开的时候果断地放手，那是对爱情的尊重，不需要等到把美好的爱情磕碰成碎片的时候，徒留一身伤痕黯然地离开。

相忘于江湖是至高境界的爱

> 不能爱，就要果断放手，彻底把他的心腾空，留给下一个与他相爱的人。只有把他的心腾空了，自己的心才会跟着腾空，才能毫无牵挂地去装另一个人。

一个人的一生是很短暂的，在这期间内能遇到一个死心塌地爱你、偏巧又值得你死心塌地爱着的人，本身就是一件很幸运的事。但是，这还不是最大的幸运，最大的幸运是有一个可以承认并祝福这段爱情的环境。

有时候，爱情真的是很卑微的。相爱的时候，什么的奢求都不会存在，只希望能和这个人手牵手一帆风顺地走下去。清苦不算什么，门不当户不对也不重要，只要这段爱情被认同，不被反对。但是，即便没有人反对，有些爱情也是不能持久的。

那不是不爱，而是爱到无力去爱，所以，我们看待爱情的眼光不能太感性，爱情来临的时候，不能只顾着两个人的感受，还要关注两人之外的事情。

庄子曾经讲过一个故事：

在大海里，生活着两条鱼。有一天退潮时，它们被留在海滩上一个浅浅的水洼里。它们相互把自己嘴里的泡沫喂到对方的嘴里，只有这样才可以活下去。

这就是"相濡以沫"。

但是，庄子又说，这样的生活并不是最真实、最正常的。真实情况应该是这样的：

在新的一次涨潮后，海水漫上来，把两条鱼冲回大海。它们也许会有短暂的留恋，但最后它们还是各自游走了，相忘于大海。

这就是"相忘于江湖"！

爱不是任何时候都可以无畏地坚持下去的。水洼干涸的时候，再爱，这两条鱼的结果也只能是两条鱼干。即便不干涸，困在水洼里，连呼吸都只能依靠对方嘴里吐出的泡沫，那是多么无奈的生活啊！当呼吸都成问题的时候，又拿什么来谈爱情呢？这样的爱情又能维持多久？难道一定要拿爱困住两个人，至死方休？

所以，爱情的至高境界不是相濡以沫，而是相忘于江湖。

我们要以理性的目光看待爱情，两个相爱的人能相处一辈子固然很好，如若不能，那么就果断地放开他，不要试着在他的心底种植你的影子，希望他能知道你的无奈，记住你的好，在心底把你留一辈子。那是对你所爱的人的不负责任的态度。

不能爱，就要果断放手，彻底把他的心腾空，留给下一个与他相爱的人。只有把他的心腾空了，自己的心才会跟着腾空，才能毫无牵挂地去装另一个人。

爱他，又不能伴他到老，只能腾空留驻在他心中的位置，让另一个适合他的人走进去。最伟大的爱不是拥有，而是要他幸福。

男孩是一个画家，有一次悬在高空在一幢大楼上作大型壁画时，一脚踩空，双目碰到了墙角，因为有保护措施，除了眼睛失明，男孩并没有受到其他伤。但是，他无法接受自己双目失明的现状。

在医生告诉他只有接受眼角膜移植才能重见光明之后，他变得狂怒暴躁，无端地摔东西、发脾气。再然后，他意志开始消沉。这个时候，一个做义工的女孩并未介意他的坏脾气，毅然地走进了他黑暗的世界。她读书给他听，给他讲网络上的笑话，强行地带着他走出去，感受大自然的气息，告诉他只要活着希望就存在……

他的心渐渐地开了一条缝，开始有了期盼和活下去的信念，每天最爱做的一件事就是等待女孩的出现。后来，他终于等到了愿意移植眼角膜给他的人。得到这个消息的时候，他开心地把这个消息告诉了这个女孩。他说如果他的眼睛看得见了，他要做的第一件事就是看清她的模样；第二件事就是告诉她，他爱她。

男孩恢复光明后第一件事就是在围着他的人群中寻找女孩。可是，女孩却没有出现。她给他留了一封信："不要再想象我长什么模样，下一个你爱上的人就是我的模样。"

最终，男孩都不知道，原来女孩来见他的时候已经得了绝症，她在临终前把眼角膜移植给了他。

既然已经没办法在一起，那么又何必束缚住他的心绪？女孩是伟大的，低调地走来，又低调地离开。就如徐志摩在《再别康桥》中写的那样："轻轻地我走了，正如我轻轻地来。我挥一挥衣袖，不带走一片云彩。"

爱情是异常美好的东西，但是我们却不能奢求它完美，既然不能"执子之手，与子偕老"的话，就不要勉强用自己口中的最后一个泡沫去奢求一段爱情。这样的爱情是伟大的，但也是最伤人的。因为在投入的时候，失去的不仅仅是自己，还有那个自己深爱着也深爱着你的人。

这样的做法能让旁人唏嘘不已，但是自己又获得了什么？

有的时候,真相并不重要,重要的是我们爱着对方的那颗心。即便彻底失去,那也是因为爱情。就像故事中的女孩,在适当的时候,她选择了离开,不是不爱,而是为了男孩的幸福不再去爱。

爱情到这一步,得多爱?相濡以沫是一种爱情,相忘于江湖也是一种爱情,只是比起相濡以沫来,相忘于江湖更需要勇气。我们不要做爱情中的绑架者,爱他,就还他一片大海。

你的背影,我不需要

人的一生很短暂,而最美丽的光阴只是其中的一瞬。在这一小段时光中,你已经错遇了一个人,那么,此刻你应该做的是,果断转身,寻找对的人,而不是把这段时光完全地浪费在这个人身上。与其盯着他的背影看,还不如果断地转身,给这段爱情画上句号。

爱情需要包容,需要付出。但是,这种包容和付出绝对不是单方面一味地迁就。爱情是两个人的事,需要两个人同心协力地经营,而不是一个人努力供养。

靠一个人努力经营的爱情,还是爱情吗?那只是渴望爱情垂怜的悲剧角色。把幸福的赌注押在一个不愿意经营爱情的人身上,还能开怀大笑吗?

爱情不是一个人的事，应该面对面地交流，而不是一直张望着一个背对着你的身影，他不会看到你是否在笑，是否在哭，是否有伤心的事……

她被他打篮球的身影吸引。爱上他的时候，她还是一个情窦初开的女生。她总是站在啦啦队最不起眼的位置，满眼热情地看着他。终于，他被她的清纯吸引，让她站到了他右手边的位置。

她就像被从头而降的馅饼砸到了脑袋的孩子，兴奋喜悦，茫然无措。他轻描淡写地说："亲爱的，帮我倒杯水。"即便还在洗衣服，她还是会慌里慌张地洗完手，赶紧去倒水。

"亲爱的，我饿了！去帮我到外面买点吃的。"她在睡觉，睡眼惺忪地被他摇醒，穿上衣服，跑到楼下买吃的。

"亲爱的，我喜欢穿丝袜的女孩，你以后穿丝袜吧！"看电视的时候，他随意地指着肥皂剧里的女主角说。她奉若圣旨，买了同款的丝袜，讨好地穿上。他满眼嫌恶："为什么你穿上这么难看？还是赶紧脱掉吧！"她强忍着泪水，默默地扔掉丝袜。

这样的小事多不胜举。哪怕他的要求再无理，哪怕他说的话再伤人，她都默默承受着。就像嗅着花香而来的蜜蜂，只要他开口，她就卑微地不去拒绝。她觉得，只要她持续这样的付出，总有一天他会被她感动，会全心全意地爱她。

可是，有一天，他的身边却有了另一位女孩。"我们分手吧！"他淡淡地说。

"为什么？我哪里做得不够好？"她颤抖地问。

"不，就是因为太好了！我不喜欢对我言听计从的女生，一点儿激情都没有。"

她不再说话，默默地转身离开。

不要习惯性地在爱情中放低姿态,在你习惯仰视他的时候,他也会慢慢地习惯俯视你,平等从此就是空谈。女孩一直以一种卑微的姿态纵容着男孩。可是,她得到了什么?只得到了一个匆匆离开的背影。

这样的爱情从一开始就是不和谐的,就像两个体重相差悬殊的人坐在跷跷板上一样,一个永远在上方,一个永远处在下方。要想两个人平等、两个人可以平视,唯一的办法就是从跷跷板上走下去,不要留恋不舍,以为有一天他会发现你的良苦用心,会发现你的好,会为你的好而改变……但是你个人以为的事情,当真就会发生吗?

不要奢望不平等的爱情会出现奇迹,那只是自我欺骗的一个借口。

在爱情中卑微地为自己的爱找理由的人都是可怜的,更可怜的是那个人只留给你一个背影,你还以爱为名,还站在原地徘徊,一心一意地祈祷他会回眸。这么做,究竟把自己放到了怎样的位置?

爱一个人没有错,爱错一个人没有关系,在爱错之后还要继续错下去,那就有点儿不值了。人的一生很短暂,而最美丽的光阴只是其中的一瞬。这一小段时光中,你已经错遇了一个人,那么,此刻你应该做的是,果断转身,寻找对的人,而不是把这段时光完全地浪费在这个人身上。与其盯着他的背影看,还不如果断地转身,给这段爱情画上句号。

读高中的时候,她就喜欢他。她想现在还不是时候,等上了大学,就一定向他表白。

她怀着这份青春的情愫,认真地跟随着他的脚步,报考了和他一样的大学,成为他的大学同学。就在她准备跟他表白的时候,他却高兴地拉着另一个女孩的手,笑吟吟地向她介绍他的女朋友。

即便伤心欲绝，她还是勉强维持着笑容，果断决定，不是恋人，还可以继续做朋友。

她成为他的铁杆"闺密"，偶尔坐在一起，就听他讲他女朋友。她总是淡淡地笑。她以为他们的故事不会再有续集。可是有一天，他却哭着对她说他失恋了。

她心疼他，所以来安慰他。安慰得多了，他发现了她的心意，不忍伤害，便在一起了。她终于有了一种守得云开见月明的感觉——幸福虽然来迟了，但毕竟还是来了。

他们的进展很快，很快到了谈婚论嫁的地步。可是，就在这个时候，那个当初离开的女人又回来了。他的心又开始混乱，亦如她知道的那样——他还没有忘记那个女人。他把婚事一拖再拖。每当她问起，他就以来日方长、事业为重之类的词语来搪塞。

直到有一天，她无意翻开他的手机，看到那个女人的短信，才明了一切。

他拉着她的手，请求她再给他一段时间。她没有说什么，果断地甩开了他的手，转身离开。

爱情就是这样，不要给爱情太多的遐想空间，即便泪流满面，该转身的时候，还是得果断地转身离开。

爱情是另类的生活，不是努力了就会有收获。既然这样，我们就要学会坦然地接受爱情的无奈，并告诉对方：你的背影，我不需要。

蜗牛的壳再大，也装不了大象

遇到一个让自己心泛涟漪的人，我们能否把持住心中的那份驿动，平静地告诉对方：我只是一只蜗牛，我的壳装不了大象。我们可以让对方选择：你愿意放弃你的大象梦想，做一只小小的蜗牛吗？

爱情是感性的，爱情也是现实的。

爱情来临的时候，我们可以很大度地说爱情中的两个人是分开的两个个体，甚至可以很欢乐地说婚后也可以AA制，然后拉起手，坠入爱河。

但是，没有经济融入的爱情，又有几分坦诚度和可信度呢？两个人坐在一起可以讨论一只廉价的茶杯，抑或一只名贵的手表？两个人相处的时候，要避开这个雷区，那个禁止话题的时候，幸福会一步步退却到什么地方？

这就像一颗定时炸弹，没爆炸不是说明它没有危险，只能说明它还没到爆炸的时间点。所以，在再美好的爱情面前，我们也要很实际地去衡量彼此经济的承受能力。

作为男人，月薪3000元的话，就作3000元的打算，不要在相爱的时候，很感性地想："没事，只要她喜欢，贵的包，我可以分期付款、大品牌的眼镜，我可以分期付款。"想象是很容易的事情，但当真操作起来，看到每月信用卡催着还款，焦头烂额，而她还在用几百元一瓶的漱口水时，这种焦虑反弹的后果就是伤害。这么爱着，还不如当初没爱。

她出身寒门，是个小家碧玉，恬静懂事。他见到她的第一眼，她就深讨他的欢心。他悄悄地关注了她很久，才在一个雨天的时候，鼓足勇气走上前给她撑起了一把雨伞。雨有些大，他把伞不动声色地偏向她那边。到车站时，他的半个身子都淋湿了。

她看着他，突然笑了。她说，她想起了少女时代的一个梦想，一定要找一个可以在雨天呵护她的男人谈恋爱。

她的暗示无比明了。他当然不会轻易放过这样的机会，当即表达了自己的心意。

一次约会，偏巧外面又下起了雨，他突然想起她那天说过的话，心里产生了疼惜。"除了想找一个在雨天可以呵护你的男人谈恋爱之外，你还有什么梦想呢？"

她闭着眼，想了一会儿，说："还想买一套200平方米的房子，有大大的落地窗，窗帘是粉色的，只要有亮光，整个房间都有暖暖的粉色。"

他爱怜地笑："我们就去找这样一套200平方米的房子。"

他家其实并不富裕。但是，为了完满女孩的梦想，他还是东凑西凑，交了首付。拿到钥匙的时候，她惊喜地跳进了他怀里。

他们很快结了婚，因为离单位有些远，她提出要买一辆车。在排量和价位方面，他们产生了分歧：他觉得无非就是上下班的代步工具而已，国产车也没什么不好的；但是，她却不那么认为，她说她清苦到现在，难道就不能在这一点上满足一下她的虚荣心？

他不得不退了步。他以为她应该可以满足了，可谁知这些才刚刚开始。

她剪个头发必须要名店店长亲理，衣服不能低于千元价位，水果吃国外的，就连上厕所用的厕纸也要买最贵的。

终于，在收到第三张银行催款通知的时候，他愤怒了："你就不能省着点花钱吗？"

"养不起老婆，还找老婆发火，你还是男人吗？"

他们开始吵架，一开始只是拌拌嘴，后来是拳打脚踢。

办完离婚手续的时候，两个人在大厅里突然抱头痛哭。她说："我们怎么会走到这一步呢？"

是啊，爱情来临的时候，相爱的两个人根本没有想过有一天两个人会有这样的结局。其实，故事中"她"从一开始就没有掩藏自己对生活质量的渴望程度，因为爱着，他拼命地宠着，以至于到最后不知拿什么去宠。

爱情来临的时候，我们不要被爱情蒙蔽了双眼，我们要认真地从一些实际的问题出发，考虑一下爱情中另一主角的真实想法，行的话就牵手，不行的话就放手。为了爱情打肿脸充胖子，再怎么伪装，终究也掩藏不了瘦弱的身躯。等到那一天暴露后再撕心裂肺地分开或是勉为其难地凑在一起，都不再是我们当初渴望的那份爱情，就会在爱情的道路上越走越远，甚至会责问：当年我怎么会爱上了那样一个人？

如果再回到当年，再遇到一个让自己心泛涟漪的人，我们能否把持住心中的那份驿动，平静地告诉对方：我只是一只蜗牛，我的壳装不了大象。我们可以让对方选择：你愿意放弃你的大象梦想，做一只小小的蜗牛吗？

不管男人还是女人，遭遇爱情的时候，不要冲动，一定要注意聆听自己心底最真切的声音，要知道即便蜗牛的再大，它也装不了大象。两个世界的人要完全地融入一个世界里，真的很难。所以，我们不要勉强。

爱对了是爱情，爱错了是青春

> 一个人在爱情里中途退场了或者是干脆没出场就直接退场了，我们以为我们受伤了，其实不是，很可能真正受伤的却是那个看似不解风情的人。他们在你看得见的地方对你笑着说谎，可能背过身的时候，却在为失去你而哭泣。

爱情的美好不是因为有完美的结局，而是在我爱上的你那一刻，偏巧你也在爱着我。

在爱情中，永远没有谁先爱上谁，谁先负了谁这一说儿。爱了总比不敢爱的人幸运。

也许我们会爱错某个人，也许我们很爱某个人，但是现实却不能使我们最终在一起。因为爱，开始撒一张谎言的网，把自己罩在网内，看着网外的他越走越远，自己却只能流着眼泪，努力地装作无动于衷……

爱情中的谎言，不是所有的都是恶意的，只是他不知道罢了。

他不知道，也没有关系，我们有属于我们的刻骨铭心。在他看不见的地方，一个人快乐，一个人痛苦。

我说了谎，你知道吗？因为这个谎言，我哭了，你却不知道。

同学们在现实中尝试肥皂剧中才出现的浪漫爱情时，她还是一个单纯的旁观者：不赞同，不反对。直到高二，换了一个帅气的英语老师，她觉得这个世界突然被英语老师身上的青草香味填满了。没事的时候，她就抱着英语书或者英语试卷不停地往老师的办公室跑。对话通常很简单："有不会做的题目？""嗯。"……

老师的目光很温暖，落在她的脸上时，她的脸也暖了。

有一次，她沉醉在老师的目光里，小心翼翼地问他："老师，我可以爱你吗？"他笑："傻孩子，你还小。"

对于她而言，他只是闪亮了青春某个季节的一段插曲，过了，便释怀了。大学毕业后，她交了一个男友，交谈甚欢，她甚至还用调侃的语气讲了自己的初恋。男友执意结婚时要邀请她的初恋来参加。她含笑答应，却不再有去办公室请教英语题时的热烈期待。结婚当天，他没来，却寄来一份贺礼，但是在贺礼堆里悄悄地被淹没了。

她没有过多地再去关注他的事情，偶尔在QQ上闲聊几句，也是无关痛痒的平淡闲扯，日子就这样平淡地过去，一晃就是20年。

20年后，从同学那得知他因病去世时，她恍然一惊，突然觉得初恋当真离自己远去了。她和爱人去参加他的葬礼时，才知道他终身未娶。他一生就这么花开花落，最终被遗忘了。

30年后，她搬家，无意中发现高中时的作业本，最后一页有一行字：可是我愿意等你长大……

她这才想起记忆里的那张脸，不过已然模糊不清。

他说谎了，即便再喜欢，但是面对一个还没有长大的孩子，他只能说"傻孩子，你还小"。他嘴上这么说，心却是热的，甚至他不惜用自己的青春来等待一个女孩的一句戏言。我们完全可以想象，当接到那份请帖拿到手上时，他有多伤心。但是，他那种伤心却只是一个人的伤心。他爱了，从一个谎言开始，死心塌地地爱了一辈子。

一个人在爱情里中途退场了或者是干脆没出场就直接退场了，我们以为我们受伤了，其实不是，很可能真正受伤的却是那个看似不解风情的人。他们在你看得见的地方对你笑着说谎，可能背过身的时候，却在为失去你而哭泣。

人的一生有很多无奈。那个人笑着走了，只留下我们站在原地伤心。这个时候，我们不要急于责怪他，或许我们看到了只是一个谎言。我们要宽容他的离开，或许在我们看不见的地方，那个人正在哭泣。或许，他比我们知道的更爱我们。

男孩和女孩彼此相爱。

男孩有一辆很豪华的摩托，女孩喜欢坐在摩托的后座上，虽然胆小，却还是安然地搂着他的腰，闭着眼靠在他背上感受风的速度。太快的时候，她会说："慢一点……我怕……"他就会放慢速度。

可是，一天夜里，女孩那么说的时候，男孩却没有立即放慢速度。

男孩："不，这样很有趣。"

女孩："这样太吓人了……"

男孩："好吧，那你说你爱我……"

女孩："好……我爱你……你现在可以慢下来了吗？"

男孩："紧紧抱我一下……"

女孩紧紧地拥抱了他一下。女孩："现在你可以慢下来了吧？"

男孩："你可以脱下我的头盔并自己戴上吗？它让我感到不舒服，

还干扰我驾车。"

……

第二天，报纸报道：一辆摩托车因为刹车失灵而撞毁在一幢建筑物上，车上有两个人，一个死亡，一个幸存……

驾车的男孩知道刹车失灵，但他没有让女孩知道，因为那样会让女孩感到害怕。

相反，他让女孩最后一次说她爱他，最后一次拥抱他，并让她戴上自己的头盔。结果，女孩活着，他自己死了……

很多我们不知道的真相就藏在谎言之后。我们不要被谎言那狰狞的脸孔吓跑，背后的真相可能更让我们心痛。

有的爱情不像我们所设想的那样完美地进行下去。这个时候，为了不让自己深爱的那个人在爱情中痛苦地沉沦，即便心在滴血，也不得不以谎言吓跑对方。

因为爱着，所以不忍给你真相，他说谎了。而在你看不见的地方，说谎的人却哭了。所以，请原谅在爱情中"逃跑"的那个人。

这个世界，没有完美的青春

> 人这一辈子，要经过很多坎，有些以为一定走不过的坎，回头再去看的时候，发现已经跨过来了。那些撕心裂肺地嚷着失去某人会活不下去的情景历历在目，但终有一天就像池塘里的水，没有风时，水平如镜。这就是真实的人生。

爱情只是人一生中很小的一部分。即便爱错了，即便曾经爱得死去活来，时间也会把这段记忆慢慢抚平。伤的，痛的，美好的，甜蜜的，那些人生中必不可少的调味剂，在时间的冲刷下，也会慢慢失去刻骨铭心的滋味。

我们不能苛求自己一定要让自己的青春丰满，一定要有一个完美的爱情，要知道有得就有失。如果可以笑，就放声笑；如果可以哭，就放声哭。

这个世界，没有完美的青春。

在一个非常宁静而美丽的小城，有一对非常恩爱的恋人。他们每天都去海边看日出，傍晚去海边目送夕阳。每个见过他们的人都向他们投来羡慕的目光。

可是有一天，在一场车祸中，女孩不幸受了重伤——她静静地躺在医院的病床上，几天几夜都没有醒来。白天，男孩就守在病床前不停地呼唤毫无知觉的恋人；晚上，他就跑到小城的教堂里向上帝祷告。他哭干了泪水。

一个月过去了，女孩仍然昏睡着，而男孩早已憔悴不堪。但是，他仍苦苦地支撑着。终于有一天，上帝被这个痴情的男人感动了，决定给这个男孩一个机会。上帝问他："你愿意用你的生命作为交换吗？"男孩毫不犹豫地答应："我愿意。"上帝说："那好吧！我可以让你的恋人很快醒过来。但是，你得答应我要做3年蝴蝶。你愿意吗？"

男孩听了，还是坚定地回答："我愿意。"

天亮了，男孩已经变成一只漂亮的蝴蝶。他告别了上帝便匆匆地飞到了医院。女孩真的醒了，还在跟身边的医生交谈着什么。可惜，他听不到。

几天后，女孩康复出院了，但她并不快乐——她四处打听着男孩的下落，但没有人知道那个男孩去了哪里。女孩整天不停地寻找着。她不知道早已经化成蝴蝶的男孩无时无刻不围绕在她身边，只是他不会呼唤，不会拥抱，只能默默地承受她的视而不见。

夏天过去，秋天的凉风吹落了树叶。蝴蝶不得不离开这里，最后一次飞落在女孩的肩上。他想用自己的翅膀抚摸她的脸，用细小的嘴来亲吻她的额头，然而他弱小的身体还是不足以被她发现。

转眼间，春天来了，蝴蝶迫不及待地飞回来寻找自己的恋人，然而，她那熟悉的身影旁站着一个高大而英俊的男人。那一刹那，蝴蝶几乎快从半空中落下来。人们讲起车祸后女孩病得很严重，描述着那名医生有多么的善良、可爱，还描述着他们的爱情有多么理所当然，当然也描述了女孩已经快乐得如同从前。

蝴蝶伤心极了。在接下来的几天中，他常常会看到那个男人带着自己的恋人。她和那个男人之间喃喃细语，还有他们那欢乐的笑声，都令他窒息。

第三年春天，蝴蝶已经不再常常去看自己的恋人。她的肩被男医生轻拥着，脸被男医生轻轻地吻着，根本没时间去留意一只伤心的蝴蝶，更没有心情去怀念过去。

上帝约定的三年期限很快就要到了。就在最后一天，蝴蝶昔日的恋人跟那个男医生举行了婚礼。

蝴蝶悄悄地飞进教堂，落在上帝肩膀上。他听到他的恋人对上帝发誓说我愿意。他看着那个男医生把戒指戴到昔日恋人的手上，然后看着他们甜蜜地亲吻……蝴蝶的眼泪流了下来。

上帝叹息说："你后悔了吗？"蝴蝶擦干了眼泪："没有。"上帝又带着一丝愉悦说："那么，明天你就可以变回你自己了。"蝴蝶摇了摇头："就让我做一辈子的蝴蝶吧……"

男孩为女孩付出的，女孩永远不知道。即便不知道，在失去他时她也伤心欲绝地寻找过，持续了很长一段时间。但是，过去的终究会过去了。不在的人即便再爱，也是过去的事情。她找到了新的恋人，再深的爱恋随着时间的推移下也会慢慢地淡去。

时间是治疗伤痛的良药，在一个时间段以为失去某个人会活不下去，其实，没有那个人，我们还会继续活下去，甚至会活得很好。

人这一辈子，要经过很多坎，有些以为一定走不过的坎，回头再去看的时候，发现已经跨过来了。那些撕心裂肺地嚷着失去某人会活不下去的情景历历在目，但终有一天就像池塘里的水，没有风时，水平如镜。这就是真实的人生。

不是我们不执着，我们也投入地爱过、哭过、痛苦过，但是那些都只是我们青春的一部分。我们允许这些情绪存在，但是正因为失去过，在新感情出现时，我们才更懂得珍惜。

这个世界，没有完美的青春，所以，我们更得珍惜。

失去是因为用错了爱的方式

爱情要顾及两个人的感受，有时失去爱情不是因为不爱，而是因为用错了爱的方式。

这个世界，不是每一段感情都会有回报的。我们把我们的心交给了一个人，那人却视我们的真心如粪土，毫不犹豫地把我们推开；他是我们眼里的宝，但我们在他眼里却什么都不是。

爱情是没有绝对平等的，除非你对他的爱和他对你的爱一样，不多一分，不少一分。

很多时候，我们不是被爱情本身击垮，而是被对方的做法伤着了，觉得自己的付出实在太不值得。很长一段时间内，我们就纠结于此，不是等待他回头，仅仅是为了寻找到一个真切的答案：我到底什么地方不够好？

其实，爱情是允许有缺点的，两个人在一起生活，需要的不仅仅是美好的憧憬，还要一种不能让爱情变得死气腾腾的激情。这就是所谓的经营爱情。

经营爱情也是一门学问，要用对方式。爱的时候，不是一味地付出，而是要懂得让他也学会付出。一个人的爱情会很累，也会失去新意，在这个时候，爱情就会出现危机。

爱情要顾及两个人的感受，有时失去爱情不是因为不爱，而是因为用错了爱的方式。

她把全部家务揽过来，为他打点好一切，也就将他隔绝在日子之外了。

打造这个家的人，不是他，所以放弃这个家的时候，他就不会心疼。

她是出了名的贤妻。丈夫不爱吃水果蔬菜，她每天就精心挑选好几种水果蔬菜，洗净、切碎、榨汁，丈夫每天下班回来，都能喝到新鲜的混合果蔬汁，保证维生素的摄入量。

她常挂在嘴边的一句话是："你在外面这么辛苦，家里的事都交给我好了。"

这样的爱与体贴却没能留住丈夫渐行渐远的心。婚后第十年，丈夫为了另一个女人提出离婚，净身出户。她百思不得其解，自己哪点做错？哪点不如她？

好奇压倒一切，她决定去前夫的新家看看。

那是一个周末的清晨，在前夫家楼下，她看见他提着刚买的早点，穿着家居服，一副怡然自得的样子。她心如刀割：以前，在早晨我可是都把牙膏挤到牙刷上、刷牙水晾到温度合适了才叫醒他啊！我可是把早点都端到桌上、筷子摆好才叫他吃早餐啊！我可是把西服领带都搭配好、皮鞋擦好，伺候他穿戴齐整才让他出门啊！现在倒好，一个在外有头有脸的大男人竟弄成这个样子！可看他，似乎还挺享受呢。男人就是贱！……

她的前夫买好早点上楼，将豆浆倒进白瓷杯子里，将小笼包放在印着蓝花的碟子里，再去将苹果切块，橙子切瓣，放在玻璃果盘里。

然后，他和妻子共进早餐，饮了一口豆浆，享受着温热微甜的质感。这时，他看见清晨的阳光洒在餐桌上，一切都像油画静物般完美，他不自觉地微笑了。妻子问："傻呵呵乐什么？"

他不知该怎么告诉她，之前的那次婚姻，他从未做过这些事情，从未享受过这种乐趣，他每天就是衣来伸手、饭来张口，然后出门将自己当作一台工作机器。他从不知道，生活除了赚钱之外，还这般丰富，有这么多可以慢慢玩味的小细节。

在家待着的感觉真好，他微笑着。

这样的爱情在生活中比比皆是。很多女人为了爱情甘做绿叶，甘愿牺牲。她们忙里忙外，把家里的大小事情都揽过来，不让他动一根手指头，进屋给他拿包，出门给他拿鞋，以为这样的贤淑可人，他一定会满足于此，一定会幸福无边。

可是，无从参与的家和他有什么关系？在这场爱情中，分配给他的又是什么角色？即便再可口的食堂也有吃腻的一天，再舒适的旅馆也有住腻的时候。有一天，有外力介入，还有什么留住他离开一个食堂或者离开一个旅馆的念头？可悲的是，一直在默默付出的主角连自己怎么被淘汰出局的都不知道。

两个人一起商讨买什么颜色的窗帘，选哪个别致的烟灰缸，那才是家，而不是一个人把这些两个人共同参与的幸福包揽下来——这不是能干，不是体贴，不是幸福，而是一种自己都没有发现的自私。这些维持家庭温馨的每一件小东西，都是爱的细节，都是一个值得享受的过程，而在爱的名义下，这些都被一个人垄断了。这就是他离开的真相。

如果我们已经错了，没有关系，我们重新审视一下自己爱一个人的方式。我们要果断结束已经不可挽回的爱情，用崭新的自己迎接下一次爱情的到来。下次爱情到来的时候，我们一定要记得让他去菜市场买买菜，让他陪你逛逛商场，让他偶尔为家人做顿饭……这些世俗的琐事、家庭的欢乐，你们一起分享。

我们不需要长久地沉溺在过去的感情里，总是执着地怀想，还不如勇敢地放手，去寻找下一段爱情。

幸福的构成，一定是两个人配合的完美舞蹈，但不一定必须是固定的两个人。所以，一个人走了，没有关系，我们可以期待另一个陪我们一起享受生活的人。

这一次，我们不会再用错爱的方式，会在生活的点滴中发现湛蓝的天空，会过得很好。

第六辑
最美丽的风景就是连接两点的曲线

　　因为年轻，我们总是习惯于用成功或失败来总结一件事，总会不小心忽略掉从失败中应获取的经验与教训。而恰恰就是这些被忽视的细节，会在我们以后的人生路上给我们启迪，让我们在不断的失败之后获得最大的成功。很多时候，最美丽的风景就是连接两点的曲线。

放手不是丢人的事，不懂放手的才是懦夫

> 我们没必要执着于这种无谓的坚持。英雄难做，我们就不做英雄。把握不住的时候就放手，不是丢人的事情。那只是给自己多一次选择的机会，可以重新给自己的人生洗一次牌，给自己一个希望。

我们崇尚英雄，女词人李清照曾写下"至今思项羽，不肯过江东"的诗句，足见她的英雄情结，还有那执着的精神。很多时候，我们身心疲惫地面对选择的时候，明知道应该要放手，却挨不过世俗的眼光，依然选择视死如归地走下去，似乎只有这样才能证明自己是义薄云天的大英雄。

我们证明了自己是英雄，又能怎样呢？项羽是大英雄，他挥剑的一刻，幸福吗？他失去了女人，丢了江山，连累了兄弟，这样的英雄，离我们向往的幸福、快乐相去甚远。

所以，我们没必要执着于这种无谓的坚持。英雄难做，我们就不做英雄。把握不住的时候就放手，不是丢人的事情。那只是给自己多一次选择的机会，可以重新给自己的人生洗一次牌，给自己一个希望。

在深山古刹前，一个身心俱疲的年轻人对一位高僧说："我分不

清什么时候该执着,什么时候该放弃,常常陷入犹豫不决的矛盾中,常常做错事,常常后悔。我不愿再后悔,所以想出家。"高僧说:"寺庙是静修之地,不是逃避之所。如果你抱着这样的心态来出家,只能说明你尘缘未了。"年轻人求高僧指点迷津。

高僧带他来到寺庙后院花园里,指着一只蜘蛛,说:"这是什么?"年轻人说:"蜘蛛。"高僧说:"你用指头捣破它的网。"年轻人小心翼翼地伸出指头,勾破了蜘蛛的网。他发现蜘蛛呆了一下,迅速逃走了。但不久,蜘蛛又回来把网给补上了。年轻人再次把网弄破,蜘蛛不久又把网给补上了。高僧问他:"你明白了吗?"年轻人说:"我明白什么叫执着了。但什么时候该放弃呢?"

高僧又指着屋檐下的一个燕子窝说:"这是什么?"年轻人说:"燕子窝。"高僧说:"假如这燕子窝垒的不是地方,影响了人的出行,人们就会把燕子窝捣毁,那燕子该怎么做?"年轻人说:"那肯定要换一个合适的地方垒窝了。"高僧说:"对,如果燕子还在原地坚持垒窝的话,它永远都不可能有一个平安的家。"

年轻人顿悟了:如果导致失败的是化解不了的矛盾,那最好的办法应该是避开矛盾,换一个地方重新开始。

年轻人告别了高僧,迈着轻快的步子下山了。

如果燕子怕被别的燕子笑话,说它太无能,明知风险巨大,还要硬着头皮在原来的地方垒窝的话,那么它的坚持,除了给它带来一而再、再而三的伤害之外,还有什么好处呢?

一叶障目,不见泰山。任何时候,我们都要理性地去考虑问题,不能让那些细小如丝的情绪干扰我们正确的判断。我们可以坚持就不放手,但是该放手时,大可不必做无畏的坚持,要果断放手,因为重来一次没什么大不了的。

一个4岁的小男孩将手卡在花瓶里，怎么也拿不出来，疼得直哭。他妈妈只好小心翼翼地将花瓶砸碎，解放出了他的手。这个时候，孩子的小手已经被花瓶挤压得通红，却仍然一直紧紧地攥着小拳头。掰开一看，他小手心里紧紧攥着的是一枚5分钱硬币。妈妈很奇怪地问他："为什么不把手松开，那样不就很容易就能把手拿出来了？""妈妈，花瓶那么深，我怕一放手，它就跑掉了啊！"妈妈听了之后哭笑不得——为一枚5分钱的硬币，她砸烂了一个价值3万元的花瓶。

我们可能会笑孩子幼稚，可我们自己又何尝不是如此？只不过我们手里的不是硬币，而是另外一些我们认为不能丢弃的东西罢了。这些东西可能是金钱、名声、成就、权力、利益、面子、学位等等，它们一旦被我们拥有就被紧紧抓住，无论如何也不会松手。可就是因为不肯松手，所有一切都像包袱一样压在自己身上。

有一个富翁背着许多金银财宝到处去寻找快乐，可是找了很久都未能找到他想要的快乐。于是，他沮丧地坐在山道旁。

一个农夫背着一大捆柴草从山上走下来时，富翁拦住农夫，问："我家财万贯，衣食无忧，请问，为何我没有快乐呢？"农夫放下沉甸甸的柴草，说："你想要快乐？很简单，放下！"

富人茅塞顿开：自己背负着那么多贵重的珠宝，老怕自己被人暗害，珠宝被别人抢，整日忧心忡忡，快乐从何而来？于是，富翁将珠宝、钱财拿出来救济穷人。当他看到那些有需要的穷人欣喜若狂时，他终于从中尝到了快乐的滋味。

我们要学习富人那种敢于放下的精神，不要跟那个孩子一样，为了小小的5分硬币，不愿松开自己的手。如果为了名利陷入你争我夺的境地，让自己整天心事重重，连睡觉都不踏实，常常半夜惊醒，疑神疑鬼，人整天都不快乐了，我们再去争名夺利又有什么意义？我们还不如让日子变得简单起来，放下该放下的，让自己的心阳光起来。放手不是懦弱，而是一种至高的境界。

名誉的光环，经济的分量，迷人的恋人，如果这些都不属于你，那么渴求又有什么用？我们还不如早早地卸下心灵的枷锁，在平平凡凡的生活中，享受轻松惬意、畅快淋漓的随意。你会发现，原来放手不是失去，而是获得。

尼尔·唐纳德·沃尔什在《与神为友》一书中写过这样一句话："我不会'抓紧'任何我拥有的东西！我学到的是，当我抓紧什么东西时，我就会失去它。如果我'抓紧'爱，我也许就完全没有爱；如果我'抓紧'金钱，它便毫无价值。想要体验'拥有'任何东西的唯一方法，就是将它'放掉'！"

其实说到底，我们放不下的不是面子，而是潜伏在我们身体里的欲望。我们只要把心中的欲望放开，就可以活得轻松。放手，从来都不是丢人的事，那是一种心态，是一种智慧，是一种品德，是一种境界。

年轻时的冲动不是罪过

> 成长就是靠一个个小的错误和小的选择累积起来的。不管这个过程有多么曲折坎坷，我们经受了什么，都不要后悔自责。

因为我们年轻，我们总有自己的梦想。我们不愿意跟随父辈的足迹循规蹈矩地走下去。这不是叛逆，而是一种自我价值的真实体现。

也许，在这个过程中，我们选择了错误的道路，做了很多错误的事情，但只要及时地调转回头就是成长的智慧。

成长就是靠一个个小的错误和小的选择累积起来的。不管这个过程有多么曲折坎坷，我们经受了什么，都不要后悔自责。

年轻时的冲动是奋发的激情，即便让父母难过、伤心，这些都是过去的事情了，浪子回头金不换，让我们绕了一圈弯路后再回来。没有人会苛责我们错误的过去。年轻时的冲动不是罪过，我们只是在尝试以我们的方式长大，即便在人生的旅途上出现了一点点偏差，但这并不重要，我们人生的道路还很长，我们的希望还在。

我们仍然有足够的理由，为我们年轻时的冲动喝彩。

两个年轻人同时进入一家公司任职，是人人羡慕的"肥缺"，一天上班8小时，真正需要工作的时间不到一半。"工作很轻松"，这件事让第一个年轻人很开心，他认为自己真是找了一个好工作；但第二个年轻人却无法接受，几个月后就离职了。他离职的理由是："因为做的事情实在太少，我会学不到东西。"

两个人不同的决定，短时间内还看不出差异，但时间可以证明一切。5年之后，第一个年轻人任职的公司倒闭了。他在这家公司几乎没有学到什么东西，费了好一番工夫，才找到新工作。但是，新工作压力很大、责任很重，他完全不能适应，担负不过来。最后，公司认为他"能力不足"，请他离职走人。另一个年轻人，因为及早离开悠闲轻松的工作，投身其他工作，经过了5年的历练后，尝试自主创业，结果非常成功。

冲动是魔鬼，但并不是所有的冲动都是得不偿失的，并不是所有的魔鬼都面目狰狞，我们也可以使魔鬼变为天使。

从"肥缺"中抽身而出，在常人的眼里，那是多么难以理解的冲动的啊！我们无法否认这份冲动背后的勇气。这就是年轻的资本，可以放下所有，轻而易举地重来一次，丢掉了肥缺又如何，失败了又如何？整天漫无目的、毫无生机地混日子有什么意义？给自己增添几道伤口，又如何？那也是一种积累——生活的积累，经验的积累，生命的积累。他只是用自己的青春搏一下享受生命的过程。

有些不堪的事情，我们控制不住地去尝试了。我们为当初的不成熟和冲动忏悔，但是没有人能看见我们发自内心的悔意——他们还是一如既往地用充满质疑的目光逼视我们。我们就感觉自己彻彻底底地成为了罪人。原先的一点点希望还没有完全展示，就已经失去了飞翔的动力。我们不敢和人对视，不敢抬头，行尸走肉般地得过且过，把自己遗弃了。

我们完全不需要这样，那是过去的事情，后面的人生还要继续。我们一定保持当初冲动时的勇气，我们的人生得依靠我们自己的坚持和信念，才能得以前进。

鲁迅早年在日本仙台医学专科学校学习。

一天，在上课时，教室里放映的片子里有一个被说成是俄国侦探的中国人，即将被手持钢刀的日本士兵砍头示众，而许多站在周围观看的中国人，虽然和日本人一样身强体壮，但个个都无动于衷，脸上呈现出麻木的神情。这时，身边一名日本学生说："看这些中国人麻木的样子，就知道中国一定会灭亡！"鲁迅听到这话，忽地站起来，向那说话的日本人投去两道威严不屈的目光，昂首挺胸地走出了教室。他心里像大海一样汹涌澎湃。一个被五花大绑的中国人，一群麻木不仁的看客——在他脑海闪过。鲁迅想，如果中国人的思想不觉悟，即使治好了他们身体上的病，也改变不了落后的现实。现在中国最需要的是改变人们的精神面貌。他最终下定决心，弃医从文，以笔写文唤醒中国老百姓。

从此，鲁迅把文学作为自己的目标，用手中的笔做武器，写出了《呐喊》《狂人日记》等作品，向黑暗的旧社会发起了挑战，唤醒了数以万计的中华儿女，起来同反动派进行英勇斗争。直到生命最后一刻，他还在夜以继日地写作。

鲁迅年轻的时候也冲动过，果断地拿起了笔，弃医从文。如果没有他的冲动，中国文坛上就少了一颗明亮的星星。

所以，我们不要被某些教条约束了自己的思想，想飞的时候，就飞出去看一看。即使遇到了旋风，碰到了天敌，我们也只是拖着伤痕累累的身体回来，牺牲的只是一小段时间，但是这一小段时间却教会了我们很多之前不知道的东西。生活是什么，希望是什么，什么是正确的，什么是错误的？年轻时的冲动不是罪过。我们要相信，这个世界迟早会张开双臂接受我们。

任何时候都要爱自己

> 身处困境的时候，我们总是习惯于把希望寄托在别人身上，却把处在困境中的自己给忘记了。别人能给予我们爱固然最好，但如果实在不能给的话，我们也不要忘了，爱，不一定要别人给予，我们也可以自己爱自己。因此，我们要学会爱自己。

这个世界最不缺的就是爱，这个世界最缺的也是爱。我们孤独的时候，悲伤的时候，无望的时候，都会从灵魂深处伸出无助的手，渴望得到别人的关爱。一点点问候也好，一点点帮助也好，一点点温度也好。

身处困境的时候，我们总是习惯于把希望寄托在别人身上，却把处在困境中的自己给忘记了。别人能给予我们爱固然最好，但如果实在不能给的话，我们也不要忘了，爱，不一定要别人给予，我们也可以自己爱自己。因此，我们要学会爱自己。

学会爱自己的容颜，即便再丑陋的容颜，在充满爱意的眼光下也会变得容光焕发；学会爱自己的身体，即便身体残疾、不太健康，在充满爱意的抚慰下也会信心十足、笑容熠熠；学会爱自己的手，爱自己的歌声，爱上天赐予我们的一切。

我们是无所不能的，是聪明绝顶的，是独一无二的。我们有足够的理由爱自己。

有一个女孩大学毕业后到了一家大公司做销售。她妈妈最担心她与上司相处不好。果然，因为女孩直率的性格与上司交恶，上司经常为难她。公司每年一次考核，排在最末位的要扣30%的奖金，还得下调工资。第一年女孩排在最末。第二年，女孩咬牙认真干，终于出色地完成任务。但是，年终考核下来，她仍然排在了最后面。这次考核使女孩和上司大吵了一场。女孩向公司上层反映此事，但是上层给的回复是：这个考核分并不是女孩的上司一个人决定的。

女孩觉得自己处境微妙。她已陷入了一种十分被动的境地：她在公司是一个被排斥者，她努力想融入公司，却有一股无形得力量将她挤出来。

有一天，她和妈妈、妹妹一起上街。回家时，天空中下起了细雨，妈妈拿出一把伞，三人相依着走回家。也许是伞太小的缘故，女孩经常站在伞沿下，结果雨水全部浇到了女孩身上。妈妈说："你快躲进来呀，别站在伞沿边。"女孩突然豁然开朗，自己的处境不正像三人同在一把伞下吗？因为伞太小，所以肯定会有人被挤到伞沿下，那些伞面上的雨水自然全部落了伞沿下的那个人身上。不仅如此，三人挤在一把伞下，互相制约，行走也十分困难。

不久，女孩向公司辞了职，进了一家收入较低的公司。但是，她却在公司如鱼得水，一年后就升职为销售主管，得到了公司上层的器重。

说到之前的经历时，她淡然地笑了："那是促人奋进的前奏，我从没有后悔。"

如果伞太小，自己实在挤不进去，那么何必要亏待自己，让自己站在伞沿下淋雨呢？我们不要傻傻地站在伞外，等待旁人的发现，等待他们怜悯地把伞往我们这边倾斜。因为，等待不是解决所有问题的方法，有时候我们需要给思维换个方向，多给自己一些爱的理由，学会爱自己，生活就会丰满起来。何况，即使旁人发现了，也未必愿意将伞往你这边倾斜呢。

我们总习惯给别人很多的理由，给别人很多的关爱，总会不小心忽视掉茫茫人海中的自己。自己快乐吗？自己幸福吗？自己辛苦吗？自己需要休整一下吗？

爱自己更能激发自己的自信和勇气，在遇到问题的时候，才会有更利于自己发展的见解。

每天醒来就要对着镜子多问自己几个问题，你会发现被自己爱着，是多么快乐的事情。

1951年，英国人佛兰克林从自己拍得极为清晰的DNA（脱氧核酸）的X射线衍射照片上，发现了DNA的螺旋结构，就此还举行了一次报告会。然而，佛兰克林生性自卑多疑，总是怀疑自己论点的可靠性，后来竟然放弃了自己先前的假说。可是，就在两年之后，霍森和克里克也从照片上发现了DNA分子结构，提出了DNA的双螺旋结构的假说。这一假说的提出标志着生物时代的开端，他们因此而获得1962年度的诺贝尔医学奖。假如佛兰克林是一个积极自信的人，坚信自己的假说，并继续进行深入研究，那么，这一伟大的发现将永远记载在她的英名之下。

流浪街头的吉卜赛修补匠索拉利奥，每天早上起床的第一件事，就是大声地对自己说："你一定能成为一个像安东尼奥那样伟大的画家。"说了这句话后,他就感到自己真的有了这样的能力和智慧,就满怀激情和信心地投入到一天的工作和学习之中。10年后,他真的成为了超过安东尼奥的著名画家。

如果能有一颗很爱自己的心,佛兰克林会那般怀疑自己的发现吗?如果索拉利奥没有一颗很爱自己的心,他会对自己那么有信心吗?会每天告诉自己"你一定能成为一个像安东尼奥那样伟大的画家"吗?

所以,学会爱自己是一件万分重要的事情,不管身处顺境,还是身处逆境,只有给自己充分的爱,才能培养出必胜的信心和快乐阳光的心理。我们不能要求别人什么,但是对自己,我们可以无时无刻地提要求:多爱自己一些吧!当你对自己说这句话的时候,你是不是已经听到了幸福敲门的声音?

人和人之间没有固定的"三八线"

> 人和人之间没有固定的"三八线",利益相同的时候,曾经的敌人也会成为同一条战线上的战友。给自己和别人多一些时间,你会发现每个人都有他的闪光点。

有时候,我们以为这个人是我们最好的朋友,可到了最后,他却变成我们的敌人;我们以为这个人是我们最大的敌人,可到了最后,

他却变成我们的朋友。

人和人之间的关系就是这么奇怪：以为不可能的，恰恰就变成了现实；以为不会背叛的，恰恰就背叛了；以为不会原谅的，恰恰就原谅了；以为不会爱的，恰恰就爱了。

人生就是这样，以为不可能发生的事情每时每刻都在发生。而所有的这些，都取决于我们的认知，要试着去了解他，去读懂他，而不是在这之前就轻易地把某个人推开。

人和人之间没有固定的"三八线"，利益相同的时候，曾经的敌人也会成为同一条战线上的战友。给自己和别人多一些时间，你会发现每个人都有他的闪光点。

所以，我们不要随意地给一个人归类。人是多面性的，你看到的那一面不一定就是他最真实的一面。

13岁时，他父母离婚了。母亲在离婚后大病一场，之后，总是精神恍惚。父亲给抚养费。可是，母亲不要，宁肯穷着。母亲说："如果你要了，你就不是我的儿子。"

父亲后来下海了，成为那个城市有名的有钱人。但是，母亲一样坚持不要他的钱："小刚，人要有志气，志气最重要。"于是，他只能去打工。父亲开着奔驰从他身边经过时，一次次下来把钱递给他。他拒绝收他的每一分钱。那时，他不过17岁。

母亲去世之后，父亲找到了他，因为，他是父亲唯一的儿子。"回来吧，"父亲说，"你是我的儿子。"他冷眼看着父亲："不，我不是。"

毕业后，他留在北京。

24岁这年，他得了一场病。有人说，人得病的时候最思念亲人。医生问谁是家属时，他吓了一跳，知道自己的病很严重，也许明天就死了呢。那是第一次他打电话给父亲。父亲很激动,听得出来,声音都变了调。

"小刚,小刚,小刚……"父亲叫着他的小名。他却冷漠地说:"我得了病,也许活不了多久了,如果你有时间就来一趟,没有,就算了。"

父亲晚上就到了,见了他,就抱住他哭——那么成功的一个男人一直拉着他的手哭。他看到,这个他恨的人已经老了,头发也白了,眼神也有些浑浊了,而且手一直抖着。

父亲一直陪着他。还好,手术很成功。那天,他醒来时发现父亲趴在他的床上,还抱着他的脚,花白的头发有些凌乱。这是那个雄姿英发的爸爸吗?当年,他多帅气啊!

"醒了?"父亲问他。

"是。你为什么抱着我的脚?"

"我怕你醒了我不知道啊。"

他的眼泪在眼眶里打转,但脸上还是不动声色的冷漠——冷漠是他的盾,掩盖了他好多真实的东西。

在父亲走时,他送父亲到机场。父亲不敢给他钱,给他买了一大包巧克力,说:"你小时候就爱吃巧克力,那时候家里没钱,只能买些最便宜的。"他接过巧克力时,觉得眼睛发涩。

飞机起飞时,他的眼泪掉了下来。他觉得父亲的爱来得太晚。那包巧克力,他一直没舍得吃。

后来的某一天,他接到继母的电话,说父亲中风了。他愣了一下,买了飞机票往回赶,心怦怦地乱跳。看到父亲的一刹那,他知道,真的晚了。父亲已经昏迷了几天几夜。

他做了一个决定,辞了北京的工作,回父亲的公司打理一切。是的，他是男人，应该负起这个责任。

父亲的命保住了，可是，他的手也不会动，脚也不会动，就只会傻乐。

有一天吃饭，父亲指着一个像巧克力的东西，说："让小刚吃，让小刚吃。"所有人都呆了。父亲记得他的名字。父亲只记得他的名字！

原来，亲情不是不在，而是隐藏在角落里，当它破土而出时，很快就会长成参天大树。他似乎刚刚明白，只要亲情在前面，幸福就会在后面，紧紧相随。

爱是一个永恒不变的话题。不管是大爱，还是小爱，在我们的心静下来之前，我们不要轻易否认掉某种感情，当然也不能盲目地信任某种感情。我们要带上我们的心，在一件件事情中好好地探寻，便会发现最本质的东西。

不要轻言爱一个人，或者恨一个人，人和人之间没有固定的"三八线"，我们爱着的人，也可能有我们憎恨的缺点，我们恨着的人，也有令我们动容的优点。

隔河而望的时候，要仔细聆听自己内心的声音，那个人可能就是你说着恨、却又爱到骨子里的人。不要轻易伤害别人，因为很有可能在伤害别人的同时也伤害了你自己。

因为做了,所以你没有资格后悔

任何时候,我们都不要被即将面临的问题吓住。没有去做,你就没有发言权。与其在原地畏畏缩缩,还不如勇敢地跨出去,做敢于吃螃蟹的第一人。只有去做才能产生结论,才可以理直气壮地给自己一个答案。即便答案不尽如人意,但至少可以让患得患失的心归位,可以义无反顾地走下去,寻找下一个出口。

这个世界上是没有后悔药的,所以机会来临的时候,不要畏首畏尾,要放大胆子拼搏一次。失败并不可怕,可怕的是,还没有来得及跨出第一步,你就已经输给了自己。就像一个战士,不是战死在战场,而是吓死在战场的后方。同样是丢了命,为什么就不可以让自己的命丢得光辉一些,丢得有价值一些?为什么不可以尝试轰轰烈烈、热血沸腾一些?况且,走进战场的结果不一定是死亡,还有一种结果可能是凯旋。

任何时候,我们都不要被所面临的问题吓住。没有去做,你就没有发言权。与其在原地畏畏缩缩,还不如勇敢地跨出去,做敢于吃螃蟹的第一人。只有去做才能产生结论,才可以让直气壮地给自己一个答案。即便答案不尽如人意,但至少可以让患得患失的心归位,可以义无反顾地走下去，寻找下一个出口。

印度有一位哲学家饱读经书，富有才情。很多女人都爱上了他。一天，一个女子来敲他的门，说："让我做你的妻子吧！错过我，你将再也找不到比我更爱你的女人了！"哲学家虽然也很喜欢她，却说："让我考虑考虑！"

哲学家用一贯研究学问的精神，将结婚和不结婚的好坏分别罗列下来，却发现两种选择好坏均等，真不知道该怎么办。于是，他陷入长期的苦恼之中。

最后，他得出一个结论——人若在面临抉择而无法取舍的时候，应该选择自己尚未经历过的那一个。他心想："不结婚的处境，我是清楚的，但结婚会是个怎样的情况，我还不知道。对！我该答应那个女人的央求。"

哲学家来到女人家中，问女人的父亲："你女儿呢？请你告诉她，我考虑清楚了，我决定娶她为妻！"女人的父亲冷漠地回答："你来晚了10年，我女儿现在已经是3个孩子的妈妈了！"

哲学家听了，几近崩溃。他万万没有想到，向来引以为傲的哲学头脑，最后换来的竟然是一场悔恨。此后，哲学家抑郁成疾。临终时，他将自己所有著作都丢入火堆，只留下一句对人生的批注——如果将人生一分为二，那么我们前半段人生哲学应该是"不犹豫"，而后半段的人生哲学应该是"不后悔"。

故事中的哲学家错在第一步，却又输到第二步。没有果断去做是其一，当他想去做却发现无法挽回的时候，开始后悔，这是其二。

没有人可以预知未来会发生什么，这样的选择究竟会给自己带来什么，但是当选择放在我们前面的时候，回避往往就是最次的一个选择。回避了，当真就是没有发生过吗？既然是已经发生的事，回避又有什么用呢？我们要尝试着用一颗平常心去面对这一切，果断、快速地做一个选择——就像哲学家所说的那样"不犹豫"。

"不犹豫"是给自己一次机会，也是给自己一个交代。因为那是我们自己做出的选择，我们选择去做了，做的结果也看到了，所以不存在什么遗憾，当然也不会有后悔。

有个年轻人去微软公司应聘，而该公司并没有刊登过招聘广告。见总经理疑惑不解，年轻人用不太娴熟的英语解释说自己是碰巧路过这里就贸然进来了。总经理感觉很新鲜，破例让他一试。面试的结果出人意料，年轻人表现糟糕。他对总经理的解释是事先没有准备。总经理以为他不过是找个托词下台阶，就随口应道："等你准备好了再来试吧！"

一周后，年轻人再次走进微软公司的大门。这次，他依然没有成功。但比起第一次，他的表现要好得多。总经理给他的回答仍然同上次一样："等你准备好了再来试。"

就这样，这个年轻人先后5次踏进微软公司的大门，最终被公司录用，成为公司重点培养的对象。

机会稍纵即逝，从来不会因为某个人而做过多的停留。所以，机会来临的时候，我们就要抓住它，哪怕遭受别人的耻笑，也不要轻易缩回自己的手。我们一定要记住，一个有勇气做题目的人永远比一个交白卷的人可贵。

故事中的年轻人，即便学识并不渊博，但他还是在不断地学习，为自己创造了一次又一次的机会。他没有被失败的应聘吓跑，因为去做了，他发现了自己的不足，他就更加努力。他经历了一次又一次的失败，最终给了自己一个圆满的答案。做了，才不会后悔。

人生的旅途不可能一帆风顺，它会遍布沼泽，荆棘丛生。我们在山重水复中兜圈子，怎么走也见不到柳暗花明，但是这不能成为我们后悔的理由。如果你没来过，你怎么明白这就是人生？如果你没行动过，你早就失去了发言的资格。

人的一生很短暂，与其怕自己受伤而错失一次又一次的机会，还不如勇敢去做，做了至少还有两种可能，不做却是放弃了所有的希望。因为做了，所以不会后悔。

充满智慧的眼睛，在缺陷中也能发现闪亮点

> 事在人为，只要你愿意，你就会发现所有的困境都有回旋的余地。我们要做的，就是培养一双慧眼，在矛盾中开辟一条属于自己的道路。

人的一生中有很多的意外不是我们所能控制的。当一个个意外把我们搞得焦头烂额、身心疲惫的时候，请不要气馁。我们要学会在缺陷中发现自己的长处，在遭遇困境的情况下，给自己创造一个可以走出去的出口。

水能载舟，亦能覆舟。在任何时候，我们对任何事物都不能一概而论，要善于在缺陷中挖掘它的长处，不要被表象迷惑。如果放弃挣扎，就会一直处在被动的局面，相反，寻找缺陷中的长处，我们才能化被动为主动，能更容易地把被动局面扭转为主动局面。

事在人为，只要你愿意，你就会发现所有的困境都有回旋的余地。我们要做的，就是培养一双慧眼，在矛盾中开辟一条属于自己的道路。

一天，阿克巴大帝与比尔巴在王宫花园里散步。

那是一个晴朗的夏日，有很多乌鸦围着池塘欢快地戏耍。阿克巴看着这些乌鸦，脑子里突然冒出了一个问题。他想知道在他的王国内有多少只乌鸦。

既然比尔巴陪着他，他就向比尔巴提出了这个问题。

比尔巴想了一会儿，然后回答说："王国内一共有95463只乌鸦。"

比尔巴反应这么快，着实让阿克巴感到很惊讶："如果乌鸦的数量多于你回答的数量，那你怎么说？"

比尔巴想都没想一下就回答："如果乌鸦的数量多于我回答的数量，那么，有些乌鸦就是从邻国来访的。"

"如果乌鸦的数量少了呢？"阿克巴问。

"那是因为我国的一些乌鸦到其他地方度假去了。"比尔巴回答说。

交谈的智慧有时就是这么简单。

比尔巴是一个聪明人，略微想一会儿，就把一个根本不可能回答的问题回答了上来。不但如此，他的答案还异常风趣、轻松。

我们遇到难题的时候，也要有比尔巴的智慧，不要死盯着难题不放，要在缺陷中发现突破口，以不一样的立场去分析难题，从而参透问题的本质。

这是一种兵法，也是拯救我们的良方。只要你有这种难不倒你的信念，就一定会有柳暗花明的惊喜。这就是乐观的力量。

高考后，我开始估分报学校和专业。当我告诉父亲我要报考中国人民大学人文学院历史系学考古学时，父亲瞪大了眼睛，抓着我的手臂，说："你是不是疯了？这个专业太冷了！"我又一次坚持说："我就喜欢这个专业，我想学！"父亲松开我的手，转过身去。

我非常理解父亲，他和母亲借钱供我上学，对我倾注了所有的期望，他们期望着我能有出息，能不再像他们一样辛苦过活。但是，我的选择无疑给他们的内心以沉痛的打击。

后来的那几天是我人生中最受煎熬的日子。我不知道该顺从父亲的意志还是执着于自己的爱好，也深深地担忧我的选择会不会令将来的我陷入无尽的悔恨之中。

那一天，我怀着忧郁的心情在学校的小道上游荡时，遇到了我的语文老师。我把我的烦恼告诉了他。他听了之后，笑着问我："你真的想学这个吗？"我说："是的，老师！我的想法是不是很奇怪，这个专业方向是不是真的那么没有前途，以后，就业的路是不是真的很窄？你说我到底要不要报呢？"

他并没有回答，而是笑着说："到我的宿舍来聊聊吧！你从这片林子里的小道过去，我骑车从大道过去。待会儿见。"我点头，慢慢地沿着林子里的小道走去。到他宿舍时，他已经在门口等我了。走到他的跟前时，他忽然莫名其妙地问我："你是怎么过来的？"

我笑着回答说："老师，我是沿着小道走过来的啊！"

"那你看到老师是怎么过来的吗？"老师又问。

"老师骑车沿着大道过来的啊！"我笑着回答。

他拉着我的手，说："你回头看看老师和你走的路，你走的一条小道，而我走的一条大路，最后不都到了老师的宿舍吗？你不是问我该不该选考古专业吗？我想告诉你的就是，只要历史考古是你的梦想，那你就去学吧！别在乎路的宽窄，路的宽窄从来与方向无关！"

我顿时目瞪口呆，内心豁然开朗，终于在犹豫之中明确了目标。后来，我忠诚于我的爱好，毅然报考了考古专业。4年后，因为我的专业由"冷"变"热"，我成为一名年轻的大学教师。

一个专业冷不冷，一份工作好不好，与它的本身无关，而是取决于一个人对它的投入和付出。我们见过快乐地哼着歌、扫着马路的清洁工大姐，也目睹过从高楼一跃而下的百万富豪。乐观的人可以从葡萄架上嗅到葡萄酒的味道，悲观的人却只会从葡萄架上看到斑斑点点的害虫。

明明是面对相同的物体，为什么会有两种不同的心境？主要的原因是他们看待问题的时候，有不同的眼睛。多看好的，这个世界就美好了；多看不好的，这个世界就没有希望了。所以，我们要学会在缺陷中发现长处，哪怕所有人都认为那是无用的，但只要你为之努力、付出，那就有不可忽略的希望。

最后一个出场，其实拥有更多赢的机会

命运有时候就是这么奇怪，早出场的不是不优秀，晚出场的不是不可能，需要的只是一个命运的玄机。这与出场的时间无关，我们要做的不是急于站到前面，顺其自然才是大千世界不变的生存法则。

俗话说：早起的鸟儿有虫吃。这话的初衷是积极的，所以，很多时候，我们都想做那只早起的鸟儿，希望抢在别人前面找到最大、最可口的虫子。我们那么急于去做，本质上讲没有什么问题，只是我们忽略了一个很重要的问题，我们自以为是鸟儿，万一在别人的眼里我们只是虫子的话呢？那么我们早起的下场又会是什么呢？

所以有的时候，我们不要刻意地去做某件事，遇事顺其自然也是很好的选择。

热心的张阿姨要给我介绍女朋友。有一天，张阿姨给我打电话，说她把几个女孩儿都约到她家里了，让我到她家里看看，我看中哪个，她一定帮我做介绍。

到张阿姨家时，我看见有4个女孩儿。张阿姨一一向我做了介绍，对我说，还有一个女孩儿叫叶子，马上就来。我就坐下来，一边说着话，一边不动声色地打量着她们。

4个女孩儿后来玩起牌来，我一边帮张阿姨干活儿，一边小声聊着。张阿姨问："你看中了哪一个呢？"

"我觉得4个都不错。"

"还有一个女孩儿叶子，也不错的，你等她来了，再做决定。看中了谁，告诉我，我安排你们单独见面。"

但是，这个叶子并没马上就到。我一边等着她，一边比较起这几个女孩儿来。比较来比较去，我就发现眼前这4个漂亮女孩儿还是有缺点的：一个女孩儿下巴短了点儿；一个女孩儿皮肤黑了点儿；一个女孩儿个子矮了点儿；一个女孩儿眼睛小了点儿。那个叶子最终也没来。她打了电话来，说她母亲突然心绞痛，她要去照顾母亲，不来了。

过后，张阿姨问我，那4个女孩儿里我看中了哪一个。我说："不是还有一个叫叶子的吗？我还没看到她呢，等看了她之后再说。"张阿姨很快安排我去见了她。我觉得这个女孩儿也很漂亮——我看中了这个叶子。

多年后的一天，我跟叶子一起去张阿姨家，又见了那4个女孩儿，再看着叶子，我忽然发现，那4个女孩儿哪一个都比叶子好看：那个女孩儿下巴虽然短些，但叶子的下巴并不比她长；那个女孩儿皮肤黑些，但叶子的皮肤也不比她的白；那个女孩儿个子矮些，但叶子的个子好像比她还矮；那个女孩儿眼睛小一点儿，但叶子的眼睛也不比她大。要让我重新选一个，我看中她们中的哪一个也不会看中叶子。但是，我已经没有资格再选了。因为，我和叶子已经结婚了。

命运有时候就是这么奇怪，早出场的不是不优秀，晚出场的不是不可能，需要的只是一个命运的玄机。这与出场的时间无关，我们要做的不是急于站到前面，顺其自然才是大千世界不变的生存法则。

某地有一座寺院，神台供着一尊观音菩萨像，大小和一般人差不多。

因为有求必应，专程前来这里祈祷和膜拜的人特别多。一天，寺院的看门人对菩萨像说："我真羡慕你呀！你每天轻轻松松，不发一言，就有这么多人送来礼物，哪像我这么辛苦，风吹日晒才能维持温饱？"

意外地，他听到一个声音，说："好啊！我下来看门，你到神台上来。但是，不论你看到什么、听到什么，都不可以说一句话。"

看门人觉得这个要求很简单。于是，观音菩萨下来看门，看门人上去当菩萨。看门人依照先前的约定，静默不语，聆听信众的心声。

来往的人潮络绎不绝，他们的祈求，有合理的，有不合理的，各种祈求千奇百怪。但无论如何，他都强忍下来没有说话，因为他必须信守先前的承诺。

有一天，来了一位富商，祈祷完后，竟然忘记拿走手边的钱包便离去。他看在眼里，真想叫这位富商回来，但是，他憋着不能说。接着，来了一位三餐不继的穷人。他祈祷观音菩萨能帮助他渡过生活的难关。当要离去时，穷人发现先前那位富商留下的袋子，打开袋子，里面全是钱。

穷人高兴得不得了，说："观音菩萨真好，有求必应！"而后他万分感谢地离去。

神台上伪装观音菩萨的看门人看在眼里，想告诉他，这不是你的。但是，约定在先，他仍然憋着不能说。

接下来，有一位要出海远行的年轻人来到这里，他来祈求观音菩萨降福平安。

正当要离去时，富商冲进来，抓住年轻人的衣襟，要年轻人还钱。两人吵了起来。

这个时候，看门人终于忍不住，遂开口说话了……既然事情清楚了，富商便去找看门人所说的穷人，而年轻人则匆匆离去，生怕搭不上船。

这时，真正的观音菩萨出现了，指着神台上的看门人说："你下来吧！那个位置，你没有资格再坐了。"

看门人说："我把真相说出来，主持公道，难道不对吗？"

观音菩萨说："你错了。那位富商并不缺钱，可是，对那穷人来说，却可以挽回一家大小生计；最可怜的是那位年轻人，如果富商一直纠缠他，延误了他出海的时间，他还能保住一条命，而现在，他所搭乘的船正沉入海中。"

这个寓言故事是很沉重的，在现实生活中，我们总像看门人一样，自以为怎么样才是最好的安排，在第一时间纠正才是正确的事情。可是，事与愿违，他得到的结果并不美好。所以，请珍惜你现在的生活，顺其自然，不要刻意去追求什么、改变什么，要相信最后出场的也能成为赢家。

你最喜欢的，不一定是适合你的

做出选择的时候，我们的想法很简单，以为只要我们做自己喜欢的事情，就会有巨大无比的动力，就不会觉得辛苦，不会觉得压抑，甚至觉得自己一定会很快乐、很幸福。因为喜欢，我们把我们的小幸福放大到无限大，我们只看到了因喜欢而给予我们的欢愉，而忽视了是否合适的问题。

一生之中，我们会邂逅很多的人和事，有些人、有些事我们喜欢到极致，遇上了，就舍不得放手，就会想：如果能一直这样走下去该有多好！

这不是人性的贪婪，而是人性的本能。喜欢自己喜欢的，追逐自己愿意追逐的，我们会变得更快乐。所以，我们愿意在喜欢的路上一直走下去。

做出选择的时候，我们的想法很简单，以为只要我们做自己喜欢的事情，就会有巨大无比的动力，就不会觉得辛苦，不会觉得压抑，甚至觉得自己一定会很快乐、很幸福。因为喜欢，我们把自己的小幸福放大到无限大，我们只看到了因喜欢而给予我们的欢愉，而忽视了是否合适的问题。要知道，喜欢就像一双漂亮的鞋，鞋不是看的，穿在脚上合不合适才是最重要的事情。但是，它的外表太漂亮了，遇到的时候，就会不小心忽略了它真正的作用。

我们就像看到糖果的孩子，因为喜爱，不舍放手，而忘了最喜欢的不一定是最适合的。一定要等到满心疲惫后才顿悟，才想着放开手再来一次。

他是纽约市中心小学的一名学生。按照父母对他的期望，他应把精力放在绘画上——因为他出生于绘画世家。虽然他对画画很感兴趣，但他还是常常背着父母去做一些投资方面的事。在学校里，他偷偷地做投资贷款，专业地收取贷款费用。这在学生中尚属首次，这一度让校长十分无奈。为此，他甚至几度被父母领回家。每当此时，他都会很诚恳地表达自己的意愿，说自己唯一的长处是绘画。

在绘画方面，他的确有天分，但他前行的道路并不平坦。他的画作虽然在校园里引人注目，可无法吸引大师们的注意力，几次大奖都与他擦肩而过。

25岁那年，他在美国一次绘画大赛中又一次败北。他一怒之下烧毁了自己的全部画作，并且发誓从此不再画画。他喝了许多酒，直至醉倒在马路上。醒来时，他发现身边有一个面目和善的老人。老人笑着对他说："我早就注意你了，你在校园里所做的事我全知道。我是一家贷款公司的负责人，正在寻找一位投资方面的天才。"

"可是，我只是一个画画的人，不是什么投资方面的天才。我最喜欢的是画画，而不是投资。"

"给你讲个故事吧！古时候，许多人慕名前往罗马，因为那里高手云集。但去罗马的路太挤了，一个小伙子苦苦寻找了多年，仍然没有成功。一日，他路过一个十字路口，问一位老者：'这条路是通往罗马的吗？'老者说：'不，是通往佛罗伦萨，你去吗？'年轻人说：'我要去罗马，不去佛罗伦萨。'老者却意外地说道：'没有道路通罗马,只有一条路去佛罗伦萨。'年轻人想了想说:'好吧,我去佛罗伦萨。'他到了佛罗伦萨后,意外地找到了自己失散多年的亲人。后来,他在那儿安居,成家立业,安度晚年。"

他听完故事后,恍然大悟:"是呀,如果没有道路到达罗马,去佛罗伦萨也是情理之中的事情。"于是他毅然放弃了经营十多年的绘画事业,开始经营股票与投资,并且成功了。

我们每个人,总会在某个人生阶段,甚至是在几个人生阶段中把自己最喜欢的事情或者最喜欢的人当成自己毕生追求的目标。我们全力以赴地投入了很多的精力,但是现实却往往会让人不得不明白:随着时间的推移,自己执着追求的目标可能并不适合自己。当我们蓦然回首,发现这个真相的时候,之前的快乐已然悄悄地离开了我们。

原来,喜欢带给我们的快乐也不是最持久的。在遭遇一次又一次的挫折之后,我们最初的热情就会慢慢地冷却下去,现实会迫使我们质疑当初的选择是不是最正确的。我们不得不重新思考,我们需要的究竟是一个怎么样的人生?

一个人的一生相当短暂,发现错误的时候,就要果断做出改变。适合自己的,不一定是自己最喜欢的,最喜欢的不一定是最好的,最好的不一定是最适合的,最适合的才是最值得珍惜的。这就是生活的真相。我们不要等真相到来后才明白这个道理。在我们被自己的喜好牵着走之前,我们就要冷静地分析合适与否。

最喜欢的,不一定就是最合适的,就才是最真实的现实。

第七辑
纵有万般心碎,也要笑得甜美

所有的不快乐都已经丢弃在昨天的记忆里。从今天开始,我们要做一个快乐的人。笑容不一定能使现状改变,却可放松紧绷的心弦。开心,就笑,让大家都感受到;悲伤,也笑,让自己感受到自己的力量。再卑微的人,也可以在笑容中汲取安慰和力量,在众人的目光下轻舞飞扬。昂起头生活!其实没什么大不了。

时间是你的恩人,岁月会淡化伤痕

时间是我们的恩人。再大的喜、再大的忧,在它坚持不懈地冲刷之下,都会慢慢淡去。以为放不开的心结,会放开;以为失去后,会痛不欲生、郁郁寡欢一辈子的自己,有一天竟然也会舒展眉头,轻轻地笑出声来。

每个人都有遇到难题的时候,彷徨、焦躁都不是解决难题的办法。这个时候,我们最需要做的是安抚好自己混乱的心,不要急于寻找答案,要尝试着将这些难题留给时间。这不是逃避,而是理性。

遇到问题的时候,慌乱的情绪会直接阻止我们理性的思维,匆忙中我们会被突发的事情打击,而看不到最明智的出路。这个时候的选择都是冒有风险的。我们必须等待焦躁的情绪冷却,而这个过程唯一需要的就是时间。

时间是我们的恩人。再大的喜、再大的忧,在它坚持不懈地冲刷之下,都会慢慢淡去。以为放不开的心结,会放开;以为失去后,会痛不欲生、郁郁寡欢一辈子的自己,有一天竟然也会舒展眉头,轻轻地笑出声来。

不要急于给一件事下定论,我们要耐着性子等下去,再大的难题随着时间的变迁,都会变成一件小事。

她喜欢给他买衣服。6年来，他的每一件衣服都是她亲自挑选的，她认为把自己的老公打理得清清爽爽，是她的责任。

　　回到家，她迫不及待地拿出新衣服叫他试。果然不出所料，虽然他年近不惑，仍然英姿焕发。加上他身材挺拔，举手投足间自有一股成功男士的风度。

　　第一次洗那件淡紫色的T恤时，她翻找着衣服内里的洗涤说明，这一翻竟然发现衣服标签上有一个淡淡的唇印。她不动声色地将那件衣服洗干净，平平展展地挂在衣架上。她是个从不用艳丽口红的女人，她只喜欢柠檬味的透明唇蜜。

　　最终，她还是等到了他的一纸离婚协议。那一刻，她出奇地平静。她说："让我考虑一晚，明天给你答复。"

　　第二天，她很早就起来了，显然一夜没有合眼。她并没有碰他的协议，而是递了一页纸给他。他一脸诧异地接过来，只看了一眼就呆住了。

　　纸上写着："结婚6年来，我给你买的衣服累计如下：内衣23套，西服6套，夹克6件，领带12条，各式裤子一共18条，T恤共26件，鞋共19双，袜子现存10双。从现在起，你在一个月内给我买够120件衣物，我就同意离婚。"

　　他从钱夹里拿出一张银行卡，说："随便你买多少。"女人并不伸手去接，而是低声说："我要你亲自给我去买，且每天不能超过4件。"

　　不就是买几件衣服吗？他厌烦地觉得眼前这个女人幼稚得可笑，近乎无理取闹。他从不逛商场买衣服，但无论在任何场合，永远衣着得体、气宇轩昂。

　　在商场逛了几个小时，直到脚掌生疼，他连一件衣服也没有买到。他不知道她喜欢什么颜色，不知道她中意什么款式，更分不清那么多品牌孰优孰劣，他甚至不知道她具体的身高和腰围。他打她的电话，一直关机。他只好胡乱报了一个尺码，买了4件衣服。到家后，他才知道，衣服根本不适合自己的妻子，不是太大就是太小。

男人只好返回商场，折腾到虚脱才换好了她要的尺码。那瞬间，有某种东西突然攫住了他的心——他的情绪没来由地开始低落。另一个她正好打电话过来，他想了想，没有接，拎了换好的衣物，径直回了家。

随着单子上的衣物画掉得越来越多，他回家的脚步越来越勤，连女儿也开始撒娇，闹着要爸爸买衣服给自己穿。一个月以来，给妻子买衣服似乎成为他下班后的必修课。每天，他都会在妻子列出的单子上画掉4样。每当他拎着衣服回来，她立即放下手边的活儿，兴高采烈地打开包装，迅速在卧室里旋转成一朵亮丽的茉莉。

那一天，是他最后一次给她买衣服。买好衣服，他却迟迟不愿回家。他突然希望那张单子上的物品永远不会被画完。这6年来，她为了年老的公婆和年幼的孩子不知耗费了多少心血，为了他这个不顾家的丈夫，又受了多少冷落，憋住了多少委屈。而他几乎从来没有过问过父母和孩子的生活起居，忙得甚至连孩子的生日都记不住。他不敢确定以后还能不能再遇上一个让自己永远有合身衣服穿的女人。

他终于明白，男人们苦苦追寻的浪漫爱情，其实就是那一件件色彩缤纷的花衣裳。真正的好衣裳，不一定价格斐然，却一定要合身得体。

她是个聪慧异常的女子，淡然地接受着别人不能接受的一切，用自己的方式为自己留住了幸福。时间如她所愿，给她带来了预料中的峰回路转。

时间多么神奇啊，遇到难题的时候，它不会告诉你应该怎么做、必须怎么做。但是它却有一双魔力般的手，把所有的难题交给它，它会慢慢地把难题抹平。像沙漏，在日复一日的重复中悄悄带走挂念和不甘。

日子是要过下去的，再深刻的痛苦，再难于接受的事实，都只会存活在往昔的记忆里，越来越淡薄。时间，能见证奇迹；时间，是我们的恩人。

将同情自己养成一种习惯，你将很难走向成功

> 别人可以同情你，那是别人的善良，但是，我们绝对不能同情自己，不然，自己就不会去反思失败的原因是什么，也不会对自己进行鞭策，也不知道自己的下一站要到达一个什么样的位置。

命运，就像五月的天气，明明艳阳高照却随即狂风暴雨。我们不能责怪命运的无情与多变，能做的是如何在淋湿之后，让自己洗一个热水澡，换一件温暖、舒服的衣服。

这个时候，最不应该的就是站在雨里，抱怨上天的不公，同情自己的遭遇。因为，同情自己，在自己的潜意识里，就是把自己摆到了一个弱势的位置，在没有想到解决问题的方法前，率先让自己懦弱

起来。

我有一位朋友,因为幼年时患了一场大病,命虽保住了,但下肢却瘫痪了。他父亲是邮局干部,在他中学毕业后设法在邮局给他安排了一份可以坐着不动的工作,工资及各种福利待遇都与常人无异。

在这个岗位上,他干了三年。按说,一个重残的人能有一份这样安稳有保障的工作,应该是十分满足。他的许多身体健康同学,都还在为谋一份职业而四处奔波求人呢?但是,他却辞职了,因为他在人们的眼光中,不但看到了同情,更看到了怜悯,还有不屑,他的自尊心在这种目光中一次次被刺伤。

辞职后,他先开了一间小书店,但不到半年,便因城市改造房屋拆迁而不得不关门。之后,他又与人合办了一家小印刷厂,也仅仅维持了一年多,便因合伙人背信弃义而倒闭。两次经商,他都没成功,且还债台高筑。这时,他的父母和朋友们又来劝他,说:"你一个残疾人,就别胡折腾了,多少好手好脚的人还碰得头破血流呢,何况你!"父亲劝他还是老老实实回邮局上班算了。但他没有回头,而是又选择了开饭店。

这次他汲取前两次的教训。一年下来,小饭店竟赢利两万多元。于是,他又开了两家连锁店。10年之后,他的连锁饭店不但在他居住的城市生根开花,而且还不断在周边的大小城市里一间间地开张。他自然也就成为事业成功的老板,还娶了一个漂亮能干的姑娘。

当有人问他成功的经验时,他说了很多,但他说最重要的就是千万不要同情自己,因为别人同情你不要紧,若自己同情自己,就会成为懦夫,失去奋斗的动力,成功也就绝不可能了。

一个人事业的成功与否,一个很大的决定因素就是自己是不是可以战胜自己性格中的软弱,在跌倒的那一刻是不是有勇气自己站起来，而不是寄希望于别人，希望别人可以看到自己的可怜，向自己伸出援手。

别人可以同情你，那是别人的善良。但是，我们绝对不能同情自己，不然，自己就不会去反思失败的原因是什么，也不会对自己进行鞭策，也不知道自己的下一站要到达一个什么样的位置。

因此，即便伤得再重，我们都要敢于站在风雨里，不要同情自己。

1946年8月，21岁的艾柯卡到福特汽车公司当了一名见习工程师。但是，他对和机器作伴、做技术工作不感兴趣，他喜欢和人打交道，想搞经销。艾柯卡靠着自己的奋斗，由一名普通推销员当上了福特公司总经理。然而，好景不长，1978年7月13日，有点得意忘形的艾柯卡被妒火中烧的大老板亨利·福特开除了。在福特工作了32年、当了8年总经理的艾柯卡突然间失业了。昨天还是英雄，今天却好像成为传染病患者，人人都远远地避开他，过去公司里的所有朋友都抛弃了他——他遭遇了生命中最大的打击。艾柯卡痛不欲生，他开始酗酒，对自己失去了信心，认为自己要彻底崩溃。这时，一位朋友对他说："你要么驾驭失败，要么让失败驾驭你。你的心态是你真正的主人，它将决定谁是坐骑，谁是骑师。"艾柯卡幡然醒悟。重整心态后，他接受了一个新的挑战：应聘到濒临破产的克莱斯勒汽车公司出任总经理。凭着智慧、胆识和乐观精神，艾柯卡大刀阔斧地对克莱斯勒进行整顿、改革，并向政府求援，舌战国会议员，取得了巨额贷款，重振企业雄风，并使其一跃成为美国第三大汽车公司。

"艰苦的日子一旦来临，除了做个深呼吸，咬紧牙关、尽己所能外，实在也别无选择。"艾柯卡是这么说的，也是这么做的。

一个人跌倒的时候，可能不能立即站起来。我们允许有这样一段短暂的休整的时间,但是,这段时间不是留给自己自怨自艾,而是汲取能量、为自己下一刻站起来创造条件的。

凭窗而立同情自己的人只能看到一片黑暗,而敢于冲往下一站的人,却总能看到万点星光。命运对每个人都是公平的,在每个人的窗外都有黑暗,也同样在黑暗中也有点点星辰。这个时候,考验的不过就是是否有一颗积极的心和善于发现的眼。只要我们放弃对自己的那点同情,果断地迈出去,我们总会发现属于我们的星空。

不要同情自己,当你摔倒时,你不妨对自己狠一点,逼迫自己重新站起来。

即便只是一个人,也要记得对自己说早安

即便只是一个人,在早上醒来的时候,也要微笑着对自己说早安。一种好的心态会给自己一种好的精神,一种好的精神会给自己好的想法。有什么样的想法,就有什么样的未来。

这个世界的每个行业都有它自身发展的规律,就像人的一生一样,从诞生的那一刻开始,就要经历儿提时代、青年时代、中壮年时代和老年时代。

这是万物不离其宗的生存规律。即便是最美好的行业,也会经历

花开、花艳、花谢的过程。有一句话很经典:"一切事物的发展演变都是在绝望中产生,在犹豫中长大,在憧憬中成熟,在疯狂中死亡!"所以,失败是每个人必经的过程,只不过有些人能很快地调整好自己的心态,从失败中站起来,有些人却被失败打倒,从此一蹶不振。

不是说经得起失败打击的人多伟大、多睿智,但至少有一点是可以肯定的——他们的内心非常强大,心态非常好。美国成功学家拿破仑·希尔关于心态的重大作用讲过这样一段话:"人与人之间只有很小的差异!很小的差异就是所具备的心态是积极的还是消极的,巨大的差异就是成功和失败。"

所以,保持一个好的积极心态很重要,只有心态好的人才可以更大限度地发掘到体内潜伏的积极能量,是最终能否取得成功一个保证。

这是一个很古老但颇能启发人的故事:

有位秀才第三次进京赶考,住在一个经常住的店里。考试前两天他做了3个梦:第一个梦是梦到自己在墙上种白菜;第二个梦是下雨天,他戴了斗笠还打了伞;第三个梦是梦到跟心爱的表妹躺在一起,但是背靠着背。

这三个梦似乎有些深意,秀才第二天就赶紧去找算命的来解梦。算命的一听,连拍大腿,说:"你还是回家吧!你想想,高墙上种菜不是白费劲吗?戴斗笠打雨伞不是多此一举吗?跟表妹躺在一张床上了,却背靠背,不是没戏吗?"

秀才一听,心灰意冷,回店收拾包袱准备回家。店老板非常奇怪,问:"不是明天才考试吗?你怎么今天就回乡了?"秀才将算命先生的话告诉了店老板,店老板笑着说:"哟,我也会解梦的。我倒觉得,你这次一定要留下来。你想想,墙上种菜不是高种吗?戴斗笠打伞不是说明你这次有备无患吗？跟你表妹背靠背躺在床上，不是说明你翻身的时候就要到了吗？"秀才一听，很有道理，于是精神振奋地参加考试。结果，他居然中了个探花。

积极的心态，就像太阳，哪怕一个人，也能把孤单渗透，泛出温暖的光芒；消极的心态，就像月亮，哪怕有一群人陪伴，还是会觉得自己很孤单。所以，在决定改变我们的想法前，我们要先改变自己的心态。心态决定想法，想法决定我们的生活。如果不想让我们的未来低迷下去，那么一定要对镜子里的自己微笑。

即便只是一个人，在早上醒来的时候，也要微笑着对自己说早安。一个好的心态会给自己一种好的精神，一种好的精神会给自己好的想法。有什么样的想法，就有什么样的未来。

一个老人在高速行驶的火车上，不小心把刚买的新鞋从窗口掉了一只出去。周围的人备感惋惜。不料，老人立即把另一只鞋也从窗口扔了下去。这举动更让人大吃一惊。老人解释说："这一只鞋无论多么昂贵，对我而言已经没有用了，如果有谁能捡到一双鞋子，说不定他还能穿呢！"

很多时候，我们做不到这位老人那样淡定。在失去一只鞋的时候，我们会心疼，明知道剩一只鞋和都扔出去了完全没有差别，但是，我们还是不能果断地把另一只鞋扔出去。其实，成就别人也是一种快乐，但是，更多的人却会选择抱着一只鞋在那哭泣。

人生其实给予了我们很多的东西，生命，亲情，知识，阳光……但是，即便得到再多，还是无法让我们忽略小小的失去。我们的消极很多时候就是源于这些失去。

心态太重要了，我们无法要求别人可以面带微笑地把第二只鞋扔出去，但是，我们可以要求自己，以积极乐观的态度看待一切。

如果此时，你偏巧刚遭遇了一个挫折，或者一个人在偌大的房子里，备感孤独。我们要果断地打开门走出去，走在人群里，去聆听和感悟别人的快乐。我们会发现，别人的快乐可能比我们知道的要简单，没有太多烦琐的要求，哪怕一个笑容、一句问候、一个电话……

其实，我们也可以变得这么简单轻松。即便一个人，在早上醒来的时候，也要记得对自己说"早安"——那是一种积极的姿态，可以让我们以积极的姿态迎接崭新的一天。要相信，这个世界每天都有人在经历失败与孤独，而能够快速站起来的人都有一颗快乐、积极、向上的心。

我快乐是因为我是自信的奋斗者

> 只要活着，只要希望还在，哪怕只剩下我们自己，我们还是有足够的理由快乐——我还活着，我还有很多的事要做，我还能实现我的梦想。

有时候，我们错误地将我们的快乐寄托在外界某个人或某件事上，却忘了我们自己才是主宰者，只有我们能控制自己的心情，决定自己的心情。

任何时候，我们都不能让这样消极的情绪影响到我们的生活，即便所有的人都背弃了我们，即便所有的事都不顺遂，没关系，我还是我。

给自己一点闲暇的空间，听一首歌，跳一支舞，睡一个懒觉，喝一杯茶，听一个故事，做一件善事……快乐不需要太多的理由，有时候，一件很细小的事就可以让我们露出笑容。

我们不需要固执地把目光放在一个已经无法挽救的忧伤上，试着让目光改变一个方向，会发现原来快乐就在我们触手可及的地方。只要我们伸出手，我们就能抓住快乐。

有一个守墓人，一连好几年，每周都收到一张署名为亚当夫人的汇款单，附言栏里要他每周在她儿子的墓地放一束鲜花。

一天，亚当夫人亲自来到墓地，眼神哀伤，毫无光彩。她怀抱着一大束鲜花，伤感地对守墓人说："今天我亲自来，是因为医生说我活不了几个礼拜了。死了倒好，活着也没意思。我只是想再看一眼我儿子，亲手来放一些花。"

守墓人苦笑了一下，说："夫人，这几年您常寄钱来买花，我总觉得可惜——鲜花搁在那儿，几天就干了，没人闻，没人看，太可惜了！"

"你真是这么想的？"

"是的。夫人，您别见怪。我常去孤儿院，那儿的人可爱花了。他们爱看花，爱闻花。那儿都是活人，可这墓里……"

亚当夫人没作声。她坐了一会儿，没留话便走了。

几个月后，亚当夫人又忽然来访。看她精神抖擞的样子，守墓人吓了一跳。

"我把花都给那儿的人了。"她微笑着说，"你说得对，他们看到花可高兴了，这真叫我快活！我的病好转了。医生不明白是怎么回事儿，可是我自己明白，我不能死，我觉得自己活着还有些用处。"

我们不能阻止事情发展的方向和节奏，但是我们却可以改变我们的心情。就如故事中的亚当夫人，她被儿子的死带走了生的快乐，但是，当她看到孩子们的笑脸，她却又找到了生的乐趣。

人的一辈子总会遭受一些苦难，这个时候，肯定痛苦不堪，心痛异常，但是我们不要被这些苦难击垮。只要活着，只要希望还在，哪怕只剩下我们自己，我们还是有足够的理由快乐——我还活着，我还有很多的事要做，我还能实现我的梦想。

有这么一个故事。

一个疲惫的人躺在路边睡着了。这时，一条毒蛇钻出草丛，爬向沉睡者……在这危险时刻，一个过路人打死了毒蛇。然后，他没有惊醒那位沉睡者，便悄悄离开了。疲惫的沉睡者生活在别人的恩泽中，永远不会知道曾经发生过什么。

还有另外一个故事。

一天，父亲突然来学校找我，说给我送生活费来了。我挺纳闷：前两天刚收到父亲寄来的支票呀！父亲说不可能，那天他在去邮局的路上，不小心把装有支票的信封弄丢了。我告诉父亲，我确实收到了那封装着支票的信。我把信封拿给他看。我们这才相信：一定是有个陌生人在路上拾到了那封信，把它投进了邮筒。这个好心人的举手之劳，温暖了我们父子一生。有道是："举手之劳，何乐而不为？"生活中总会有一些意想不到的事情，不期而至地发生在每个人身上。

我们不要等到知道侥幸逃过毒蛇的毒牙后再微笑，我们也不要等到收到遗失的支票后再快乐，那是一种高格调的生活态度。如果可以，在别人遇到困难的时刻给予他人一点帮助，那么做不是单纯地为了帮助别人，获得别人的信任与感谢，那么做只是为了净化我们的心灵，让我们可以简单地快乐下去。

快乐真的是很简单的事，不是拥有的越多就越快乐，也不一定需要过多的人参与。心越简单，所求越少，就会越快乐。我们要学会把打扰我们快乐的东西甩掉，不要计较，不要想太多。

你的自信是最美的风景

这个世界不是属于某一个人的，而是属于我们大家的。我们要尽量地把我们的自信释放出来，让自己站在任何地方，都如同一道美丽的风景线。

人生没有回头路可走，一路下来，失去了太多，也错过了太多。遭受的打击多了，总不免有些消沉的想法。我真的行吗？我这样做有意义吗？

就像脸上有一颗痣，照镜子的时候看得多了，也会忍不住想："它影响了我的美貌，我得去医院，把它处理掉。"但是，在现实中，很多问题并不能如一颗痣那般容易解决。身高、背景、容颜、学历、体重……明明是很小的一点问题，但因为我们知道它的存在，想得多了，就会产生强烈的自卑。

我们自己都不能给自己打一个高分，那么旁人更是无法给我们打高分了。

他从小就钟情于音乐，才学会走路的时候，父亲就在家里摆了一大堆物品，让他去抓阄，结果他一手就抓到了一个音乐盒。父亲对这个结果虽然不太满意，但还是从小就着重培养他的音乐特长。

12岁，他师从当时黑龙江最著名舞蹈大师，学习芭蕾舞和民族舞。后来，他跟随老师在香港、澳门和美国进行了多次演出。他出色的舞技获得了观众的一致好评，甚至是被媒体评价为下一代中国的舞蹈天王。

17岁，在父亲的支持下，他报名参加了一场选拔大赛。他以全场满分的优异成绩脱颖而出。

之后，他带着梦想只身来到韩国接受一系列的专业训练。举目无亲，再加上性格内向、不善交流，他受了很多的苦。三个月后，他闻讯父亲得了一场大病，耗光了家里所有积蓄——他的生活费和学费也没有了着落。此时，摆在他面前只有两条路：要么回国，要么凭自己的双手自食其力。他流着眼泪给父亲打电话。病床上的父亲并没有想因为自己的不幸而拖累儿子。他不止一次告诫儿子要坚持，当听到儿子仍然坚持要回来时，父亲火了，扔下一句话："你要是回来，从此就不再是我的儿子。"挂了电话，他悲痛地跪在了地上。

他开始奔波于各大歌厅。但在韩国，他只是一个新人，开始的几天里，几乎没有人愿意聘请他。那几天是他一生中最艰难的日子。他睡过马路，也吃过别人扔下的馒头。就是这样的绝境，他都没有放弃。一周后，终于有一家歌厅愿意录用他，尽管薪水很低，条件也很苛刻，他还是毫不犹豫地答应了。他白天接受培训，晚上就到歌厅来唱歌。他是来得最早，也是走得最晚的那一个。很多时候，他只能睡上3个小时，就要马上起来去接受训练。为了自己的歌唱梦，他咬牙坚持着。这一唱就是5年。2006年，他所在的组合一举拿下了韩流中国十大组合奖，他也声名鹊起。

眼看自己距离梦想只有一步之遥，他幸福地笑了。然而，顷刻间，一场意外不期而至。在一次演出时，他不幸从高空坠下。医生告诉他，他左腿膝盖骨遭到严重损伤，就算好了也很难再从事剧烈的运动。这让将歌唱视为生命的他几乎无法接受。

一个月后，他咬牙强迫自己站起来。他很快发现，所做的一切都是徒劳。他清楚地知道，自己后半生很可能将在轮椅上度过。但是，他实在不甘心——他的梦想才刚刚开始，怎么能眼睁睁地看着它就这样夭折呢？他立刻冷静下来，父亲也专程赶来给他打气。他深受感动，他一再告诫自己，只要还有一口气在，就要唱下去。他拄着拐杖参加演出和培训。父亲也咨询了很多医生，为他制定了科学的康复训练计划。

后来，他成功了。凭着成熟而稳重的表现，他所在团队囊括了音乐风云榜、腾讯星光大典、第九届CCTV—MTV音乐盛典中的内地最佳组合奖，而他也成功地丢掉了拐杖，再一次生龙活虎地站在了舞台中央。

"父亲从小就教导我：世上没有绝望的处境，只有对处境绝望的人。所以，我会把人生的每次不幸都当成一次转机，也唯有这样，我才能成为绝境中的上帝而非甘愿被束缚的奴仆。"这是他说的话。

他不怕别人嘲笑他固执，也不怕别人说他傻。因为他知道，在接二连三的困难来阻碍成功时，命运的大门只青睐迎难而上的勇者。

成功只会光顾那些哪怕遭遇再大的难题也会含笑迎上去的人。我们也可以做那个笑着的人，把背挺直一点，头昂高一点——我们同样站在地球上，同样沐浴着阳光，呼吸着空气，我们没有理由要比别人自卑。这个世界不是属于某一个人的，而是属于我们大家的。我们要尽量地把我们的自信释放出来，让自己站在任何地方，都如同一道美丽的风景线。

无论路多难走,沿着路走下去

> 一个人最大的收获,不是最后的成果,而是可以放平心态,顺其自然,不急不躁地走下去,不错过任何一处美丽的风景。

没长大的时候,我们还不懂生活的真正含义,常常觉得自己有一根魔术棒,只要手一挥,就可以实现我们或大或小的心愿;长大后,我们才懂得,魔术棒只存在童话里,生活只是一个个普通日子的积累,想要让平凡的日子镀上一层颜色,必须承受我们所能承受的最大负荷。

其实,很多时候,不是生活迫使我们做出选择,而是我们驿动的心在要求我们做出选择——选择冒险,选择磕磕碰碰地去接触我们不知道的世界。

我们不必在乎背负在背上的包袱,似乎只有这样,才能体现出我们的价值,还可以在人前高傲地昂着头。等到有一天,我们实在背负不了尘世的压力,再往后看的时候,看一个个背着大大的包袱焦急行走的人,再反观那些轻松慢走的人,就会涌出无限的悲哀——这真的就是我们当初最想过的日子吗?

人的一生很短暂,我们不需要为了实现自己的理想,给自己安排一路的计划。不管那些计划是我们喜欢的还是不喜欢的，我们都要求自己通通接受，这样的执意究竟是为了什么？

我们要适当地放慢脚步，顺其自然地走下去。若能收获成功，固然最好；若不能，也没关系，因为我们收获了快乐。

一个人最大的收获，不是最后的成果，而是可以放平心态，顺其自然，不急不躁地走下去，不错过任何一处美丽的风景。

21岁那年的夏天，我独自去澎湖旅游。为了体验一下渔民的生活，我在傍晚跟随一户渔民到海里去捕小鱿鱼。撒下一张网，中间放一盏"聚鱼灯"，用光亮吸引小鱿鱼游来，然后静等50分钟左右。等得我快睡着时，时间终于到了，我们把网拉上来一看，竟然只有3条小鱿鱼。

等了50分钟怎么才捉到3条鱿鱼？渔民的生活真是太辛苦了！可是，渔民大哥却开心地说："哇！这3条小鱼配烧酒刚刚好。"他的太太也热情地应和着："待会我给你们烤着吃，尝尝鲜。"

又下了一次网，50分钟以后再捞上来，一看，5条。我们那个晚上撒了无数次的网，捉到的小鱿鱼却屈指可数。渔民大哥反倒安慰我，不是每天都这样子的，他也有过下一次网就捞起500多斤小鱿鱼的经历。那个时候就是丰收。

他还说，捕鱼时遇到过很多风浪，最惨的一次，渔船被风浪打翻，营生的家什全都被毁掉了。可是，生活还得继续，一切又要重新开始。他所能做的，就是节衣缩食，再置办一条渔船，接着去打鱼。

我和善良、好客的渔民大哥喝着小烧酒，他太太为我们烤着小鱿鱼。借着酒劲，渔民大哥扯开嗓子，竟然唱起了《拉网小调》。那样子很是滑稽，却也很真诚。日子虽然过得凄苦，但他们夫妻俩相敬如宾，倒也其乐融融。太太的性格很随和，毫无怨言地跟他过着清贫的日子。我问他们的孩子在哪里？太太骄傲地说在大城市里念大学，好日子马上就要来了！

那一夜，我们聊得兴起，问起他最初的梦想。他的回答着实令我吃惊不小。"画家"，他说，"我的梦想是当个画家。"渔民和画家怎么靠得上边儿呢？"我得养家糊口，还得供孩子上大学。"他说，"有时候生活就是这样，它粘上你的时候，你就要习惯被它粘住的感觉。"

顺其自然是一种豁达的胸怀，也是一种处世的哲理。虽然我们现在年轻，但是，总有一天我们会慢慢老去——这是我们无法拒绝的现实规律。人的一生，或轰轰烈烈，或平平淡淡；或一帆风顺，或坎坷不平；或功成名就，或碌碌无为。这些都是我们无法控制的事情。无论身处顺境，还是逆境，我们都要学会审时度势，顺其自然地走下去。

苏东坡的词说："人有悲欢离合，月有阴晴圆缺，此事古难全。"既然我们无法改变，那么不如静下心来，沿着路继续走下去。

尽管我们舍弃的不是我们想舍弃的，尽管往前走的时候，我们或许仍然泪流满面。但是，我们经历的只是我们必须经历的阶段，生活赋予我们的职责还在前面，我们不能因为不舍，不能因为挫折就停下来。或许我们不会有别人登高望远的成就，没有关系，我们可以抬头望天，湛蓝的天会给我们同样愉悦的心情；或许我们没有别人步履矫健，捷足先登，没有关系，我们可以细品那沿途的风景，那里有被世人遗忘的美。

当你的内心甜美时，一个人也不孤单

我们要相信上苍不会厚此薄彼，那个人一定会出现，在某个适当的时候，会笑着走进我们的世界。而在这个等待交流的过程中，我们要学会享受孤单。静下心，我们就能听到孤单那欢愉的歌声。

这个世界有很多很多的人，商场、超市、公交车站、饭店、电影院……我们目所能及的地方，都有很多很多各式各样的人，他们或快乐或忧伤，或活泼或稳重，或谦和或泼辣，却只是擦肩而过的匆匆过客，没有谁愿意停下步伐去聆听一个陌生人的心事。

是的，即便曾经靠得很近，但是我们也只是别人眼里的陌生人。我们的孤单是驻扎在我们心中的树，没有人知晓。我们展露着笑颜，把孤单掩藏得很深很深，一边躲闪，一边又渴望——有人可以一眼就能读懂我们的心事。

青春里的很长一段时间内，我们站在熙熙攘攘的人群中，急切地寻找一个可以懂我们的人，快乐的时候可以一起分享，悲伤的时候可以细心地聆听，疲惫的时候会借给我们一个厚实的肩膀……

有的时候，这种感觉明明很近很近了，可靠近了，总还觉得缺少点什么，于是就在寻觅的过程中，靠近又远离。在周而复始的过程

中，我们累了，倦了……

想交一个真诚的朋友或是找一个真心的爱人，这不是通过寻找就能解决的事情，那需要缘分和长时间的接触和交流。环境不同，遭遇不同，对事物的看法就会不同。我们不能因为这些就否认这个人不行，或是那个人全身都是缺点。真正的了解需要时间，而且只有交流才能培养出最真挚的情感。

我们要相信上苍不会厚此薄彼，那个人一定会出现，在某个适当的时候，会笑着走进我们的世界。而在这个等待交流的过程中，我们要学会享受孤单。静下心，我们就能听到孤单那欢愉的歌声。

在春日暖阳里，蒲公英探出头，睁开沉睡了一冬的眼睛，打着哈欠，向它的新邻居——在春天里已梳洗打扮好了的花草们问好。

"你是从哪里来的？"新邻居们对这个忽然在它们身边冒出来的愣头愣脑的小家伙充满了好奇。

"我不记得了。我只知道，这是我的第五个家。"蒲公英说。

"唉，可怜的流浪的孩子。"那些花儿叹息着，替它难过。

"不知道哪里才是它最终的家？"那些草皱着眉，替它犯愁。

"那该死的风，到底要把它带到哪里啊？"那些树们愤愤不平，它们无法为蒲公英拔刀相助，感到很无奈。

蒲公英不明白它们为什么会觉得自己可怜，自己的胸膛里明明揣着一颗怦怦跳动的快乐的心啊！不管落到哪里，它都会在那里开出一朵黄艳艳的花来，忘了风是怎样把它摔疼的，忘了雨是怎样把它淋个透心凉的，它只管向着太阳，露出它的笑脸。它轻轻地哼着歌儿，快乐地拾掇着自己的新家——给自己装一扇窗户，可以欣赏风景；给自己围个篱笆，可以圈住幸福；给自己拧开一盏灯，可以点亮记忆。

最终，花儿忍不住问它："难道你不觉得自己可怜吗？"

"不，恰恰相反，我觉得自己很幸福。因为我看到了很多你们没有看过的风景。"

最终，草忍不住问它："难道，就没有一块让你眷恋的土地吗？"

"有的，正因为我眷恋着这片土地，所以我要用我的漂泊去亲吻它。"

最终，树忍不住问它："难道，你就不恨那些风吗？"

"不，我要感谢风。它给了我一双翅膀，有了风，我才成为唯一可以飞翔的植物。"

孤单其实并不可怕，如果把它当成一本书看，我们可以倒上一杯香茶，放一段音乐，坐在阳光可以晒到的地方。这个时候的孤单，就会像长了青藤的幸福，悄悄地攀爬到我们的心里。我们会发现，原来孤单也可以这么充实、美好。

孤单本身并不可怕，可怕的是害怕孤单的心情。我们一定要把我们的心盛满，盛满花香，盛满希望。即便在旁人的眼里，我们是孤单的一个人。一个人睡，一个人醒，一个人散步，一个人吃饭。甚至有时我们的目光会不由自由地停驻在出双入对的行人身上，这些都没有什么。

四处漂泊的蒲公英都可以在孤单中享受到幸福的滋味，我们又怎么可以被暂时的孤单影响到心情。因此，我们要果断地对自己说："一个人，也不孤单。"

未来在自己手中

> 我们不要羡慕那些出类拔萃、万众瞩目的别人,要敢于让自己成为自己的主角,自己的未来只能由自己来做主,即便失败,也要让自己成为主角。因为,在任何时候,我们都是自己的主角。

人很多时候是很被动的,不能选择自己的父母,不能选择自己的容貌,不能选择自己的身高,不能选择自己的性别,不能选择自己的头脑……甚至连我们最初的呱呱坠地都是被动的——不经我们同意,我们就匆忙地被带到了这个世界。

这就是人生给我们上的第一课:认清现实,做好自己。

邻居家的大哥上了北大,于是我们赶紧买复习资料,废寝忘食地读书做题,希望自己也能考上北大。这个理想没能实现,我们低迷了一阵,又看到哪个朋友投资生财,便赶紧赌上血本,却又一败涂地。

人生就是这样,我们总是习惯性地跟在那些主角后面拼命追赶,只希望他们经历的幸运有一天也能降临到我们头上。我们拼命地走,拼命地走,但命运偏偏和我们作对,即便我们走得气喘吁吁,赢得的幸运却十分有限,更多的时候还是会以失败收场。

经过一场又一场失败的洗礼,我们不得不怀疑,难道我们的诞生只是为了让我们沦为风尘仆仆的配角？

但凡是人，经历的失败多了，多少总会有点情绪——消极了，厌倦了，放弃了，直到最后碌碌无为地过完自己的一辈子。到最后，他们都不曾明白，这些失败都是人生给我们的警告：你只是你，不是别人的影子，要做好自己。

是的，我们要做的是自己。有的时候，只要我们换一个角度，与其就会发现，与其跟着别人跑，还不如回到自己的世界里，做自己的主角。

读初中时，美术老师请来市里的一位老画家，在课堂上为我们现场作画。

老画家的腿有点残疾。当他走上讲台准备作画时，由于右腿站立不稳，一个趔趄，只见他手中的笔抖落出一滴墨汁，正好溅落在画纸上。美术老师赶忙上前扶住老画家，问是否要把这张弄脏了的画纸换掉，老画家摆摆手，说："不必。"

由于那点溅落的墨汁正好位于画纸中央，老画家对它颇费思量，手中的画笔在砚盘里蘸了一下又一下。突然，老画家迅速提笔、运笔——画纸上出现了一只展翅高飞的雄鹰。原先的那点墨汁竟成为雄鹰双爪下紧攥的一颗石子。老画家的精巧构思和布局赢得了阵阵掌声。最后，美术老师代表我们全体同学向老画家表示感谢。

他说："感谢老画家给我们上了生动的一课。他不仅教给了我们画画的技巧，也教给了我们做人的道理。同学们，如果人生是一张画纸，如果刚刚开始的人生就有了污点，那该怎么办？"

"像老画家对待那张有墨汁的画纸那样，依然珍惜它、爱护它，永不自暴自弃。"我们回答道。

"对！"美术老师激动起来，"同学们，人生的画纸有了污点，只要我们勇敢地面对，照样可以画出最新、最美的图画，照样可以像老画家笔下的雄鹰，像它那样展翅高飞。要知道，智慧和勇气终会帮助我们战胜污点，并把它踩在脚下。"

想要生命之花开得无比绚烂，并不是必须万事圣洁。它可以存在污点，可以允许自己不够聪明，不够强大，没有背景，没有高学历，只要你有做主角的信心，你完全可以把这些污点变成辅助你成功的基石。

但是，如若没有自己的远见，没有洞察的能力，只是一味地跟着别人走，却忽视了你拿在手里的画纸不一样，比他们多了一个黑点。即便模仿得再出彩，也会因为最初的污点，失去画本身的美感，终究只能是一幅失败之作。

我们要学习老画家，不要急于动笔，先要审视自身的缺陷与不足，再思索如何回避这些不足。一个不懂音乐的人想成为音乐家，注定是要失败的。我们不能因为别人站在舞台上的光鲜而强迫自己忽视音乐是自己的弱项。我们在任何时候都不能忘记我是我的主角，我要做的是做好自己。

一个人在高山之巅的鹰巢里抓到了一只幼鹰。他把幼鹰带回家，养在鸡笼里。这只幼鹰和鸡一起啄食、嬉闹和休息。它以为自己是一只鸡。这只鹰渐渐长大，羽翼丰满了。主人想把它训练成猎鹰，可是由于终日和鸡混在一起，它已经变得和鸡完全一样，根本没有飞的愿望了。主人试了各种办法，都毫无效果，最后把它带到山顶上，一把将它扔了出去。这只鹰像块石头似的，直掉下去。慌乱之中，它拼命地扑腾翅膀。就这样，它最终飞了起来！

不管是把鹰养在鸡笼里，还是把鸡放在鹰巢里，鹰终究是鹰，鸡也终究是鸡。它们能做的只是自己天性能做的事。所谓的奇迹就是和鸡一起长大的鹰终有一天能飞起来，而不是和鹰一起长大的鸡能翱翔蓝天。

所以，我们要理性地对待每一次机会，适合别人的，不一定适合自己。我们要勇于承认自己的不足，才可以克服自己的不足，改变自己的不足。我们不要羡慕出类拔萃、万众瞩目的别人，要敢于让自己成为自己的主角，自己的未来只能由自己来做主，即便失败，也要让自己成为主角。因为，在任何时候，我都是我的主角。

第八辑
扬起眉微笑,把痛封存在心底

  在这个世界上,没有一个人可以对另一个人的伤痛感同身受。你万箭穿心,你痛不欲生,也仅仅是你一个人的事。别人也许会同情,也许会感叹,但永远不会清楚你的伤口究竟溃烂到何种境地……所以,再痛,也是我们一个人的事情。我们要做的是扬起眉微笑,是把这份痛封存在心底。

击垮我们笑容的不是别人，是我们自己

> 这个世界上每个人都有不快乐的理由。如果我们认同了这些理由，我们就会变得不快乐。因此，我们要学会处理这些问题，学会给自己快乐的理由。

很多时候，我们之所以感到那么不快乐，是因为我们总会不自觉地把我们的目光落在某一个或失败或不如意的点上。路人甲的车真好，我什么时候才能拥有这种车子？路人乙的女朋友真漂亮、真温柔，为什么我的女朋友又难看又粗暴？

我们总会忽略自己拥有的美好，让自己变得越来越偏执。其实，很多时候，击垮我们笑容的不是别人，而是我们自己。

有这么一个故事：

国王有一个独生子，国王很疼爱他，将其视若掌上明珠。可这个王子总是郁郁寡欢，整日整日地站在阳台上，看着远处。

"你还缺什么呀？"国王问他，"你到底怎么了？"

"我也说不清。"王子说。

国王想方设法为儿子宽心解闷儿。戏剧、舞会、音乐……但毫无效果，国王只好从世界各地请来了最有学问的人：哲学家、博士、教授……然后，征求他们的意见。这些人商量之后，说："陛下，我们

研究过了，必须找到一个非常快乐的人，这个人从无烦恼，也无奢望，然后把他的衬衫跟王子的交换一下就行了。"

当天，国王就派出使者到世界各地寻找这个快乐的人。他听说，邻国有一个国王，有着善良美丽的妻子，可爱的子女，还曾在战争中打败了所有敌人，现在国泰民安。满怀希望的国王当即让使者去向他求讨衬衫。

邻国国王接待了使者，说："我什么东西也不缺，可悲的是一个人拥有了一切，却还得离开这个世界。每次这样一想，我就夜不能寐！"使者闻言，不得不空手而回。

国王一筹莫展，只好去打猎散心。他射中一只野兔，可没想到，野兔一瘸一拐地逃走了。国王便在后面追赶，追到一处野地。他听到有人在哼着乡村小调——一个小伙子一边摘葡萄一边唱着歌。他赶紧上前问："小伙子，我是国王，让我把你带到城里你愿意吗？"

"啊，我一点也不想去，就是让我做教皇我也不愿意。"

"为什么？要知道，不是谁都能跟我做朋友……"

"不，我觉得我现在的生活很快乐，我也很满足。"

总算找到了一个快乐的人，国王想。于是，他再次问："年轻人，你可以帮我一个忙吗？"

"陛下，只要我能做到，我会全力以赴的。"

国王欣喜若狂。他猛然伸手抓住小伙子，解开他外衣的扣子。突然，国王僵住了，他发现，这个快乐的人没有衬衫。

他不知道，快乐不是存在于衬衫上，而是在人心里。

快乐简单吗？快乐很简单，它和金钱、和地位无关，即便贫穷得没有衬衫，人们依然可以快乐。

快乐当真那么简单吗？当然不是，即便拥有再高的地位、再多的钱,没有一颗快乐的心,那些外在的条件也仅仅都是摆设。因为,快乐是用金钱买不回来的。

所以,我们不需要羡慕别人拥有的东西,别人拥有的再多,都是别人的。我们要学会珍惜自己目前拥有的——只有自己拥有的,才是真正属于自己的。

这个世界上每个人都有不快乐的理由。如果我们认同了这些理由,我们就会变得不快乐。因此,我们要学会处理这些问题,学会给自己快乐的理由。

一天,一位大师在一棵树下给弟子们讲课。他讲的课题是《计较》。

大师声情并茂地讲解着。突然,一件意想不到的事情发生了:树枝上的一只鸟拉下的粪便不偏不倚地落到了大师的头顶上。

众弟子惊得目瞪口呆,可是,大师依然从容不迫地微笑着继续讲课,仿佛鸟的粪便根本没有落到他头上。

最后,大师给满脸狐疑的弟子解释:"鸟的粪便已经落到我的头上,我不必跟一只鸟儿计较,自找烦恼。因为,你若跟烦恼计较,烦恼也会跟你计较。所以,我选择跟快乐同行。"

我们不是大师,也没有大师的境界,我们允许在鸟的粪便落下之后有一段时间难堪与尴尬。但是,我们能不能把这段时间尽量缩短一些,再短一些呢?

就像大师说的那样——"我不必跟一只鸟儿计较"。其实,我们能跟鸟儿计较些什么呢?我们能计较的结果只是自己自寻烦恼的愤怒。

与其让关心我们的人为我们的糟糕遭遇担心、难过,还不如适时地给他们一个笑脸,哪怕过后重复地清洗自己的头顶,那是我们自己的事情。如果你不能带给别人快乐，至少你可以不让别人因为你而不快乐。

磨难的另一个职责是制造奇迹

> 思维不是地面上的树，一定要迎着阳光向上发展。我们千万不要被表面的现象蒙蔽了双眼，如果可以，遇到挫折的时候，我们可以想象一下地下树根的发展趋势。就如我们想象的一样，没有向上，它也可以让自己在泥土中长大。树冠有多大，树的根部就有多大！

这个世界上最可怕的不是遇到挫折，而是遇到挫折的时候，我们不能勇敢地面对。

每个人处理问题的方式都是不一样的，而且没有一个人从出生的第一天起，就有抵御挫折和失败的能力，那是一个循序渐进的过程。怎样去做都是从一次次失败和磨难中总结出来的经验。

相同的问题降临到不同的人身上，感悟是不一样的。所以，面对问题的时候，没有捷径，我们能做的只能避开问题给我们正面的打击，尽量找到磨难带来的正能量。

从前，有一位国王，他拥有一颗王族世代相传的大钻石。国王把钻石放在博物馆里，向所有人展示。一天，一个士兵紧急地报告国王说，在没有任何人触碰钻石的情况下，钻石破裂了。国王跑去察看，确如士兵所言，钻石中央出现了一道明显的裂纹。

国王立即招来全国所有珠宝商。珠宝商们一一检查完钻石后，却告诉国王一个坏消息，说这颗钻石没有价值了，因为它的裂痕无法修复。

国王很痛心，感觉仿佛失去了一切。

后来，不知从何处来了一位自称是珠宝商的老人，他主动要求察看破裂的钻石，并对国王说："请不要再伤心，我能修复它，甚至能使它变得比以前更好。"

国王听后，既吃惊又怀疑。老人自信地说，一周后，他保证将交出一颗修复完好的钻石。

国王立刻为老人安排了一个房间，并提供其需要的工具。

一周后，老人手捧钻石出现了。

令国王难以置信的是，老人竟把弯曲的裂纹作为茎干，在钻石里面雕刻了一朵盛开的玫瑰花，精致璀璨极了！

我们每个人都是故事中的大钻石。钻石可能有先天的瑕疵，也可能有后天引发的裂痕。或许在最初，会有人指着我们说："太可惜了，如果没有瑕疵，那得是多璀璨的一颗钻石啊！"

说着说着，这种言论就会淡下去，依附在这种言论上的同情也会慢慢地淡下去。

我们不能责怪那些逐渐离我们越来越远的人群，同情是保质期的，况且同情不能作为我们生存的筹码——我们生存的唯一筹码就是让自己有尊严地活好，要学会把自己的劣势变成自己的优势。化腐朽为神奇，除了强大的内心，还需要智慧。

我们再来看另一个和国王有关的故事，这次的主角不是钻石，而是一个外国使臣。

很久以前,有个国王定了一条特别能刁难人的规矩:任何人不可在国王的宴席上翻动菜肴,只能吃菜的上面部分,否则杀头。

一次,有一个外国使臣来访,国王设宴招待他。

侍者端上一条敷有香料的鱼。使臣不知该国规矩,就把鱼翻了过来。

大臣们齐声说:"国王,你遭到了侮辱,他翻了鱼,必须处死他。"

国王只好对使臣说:"你坏了我们的规矩,我如果不处死你,就会遭到国人的嘲笑。不过,看在贵国和我国的友好关系上,你可以在死前向我提一个要求,除了免死以外,其他任何要求我都一定办到。"

使臣想了想说:"既然是这样,我也只有等死,但请求国王在我死前把每一个看见我翻鱼的人的双眼挖掉。"

大臣们听了心惊肉跳,面面相觑,一个个站起来对天发誓,说自己没有看到使臣翻鱼。

使臣听了,笑着对国王说:"既然大家都没有看见,那就没事了。我们继续吃饭吧!"

什么是逆转?这就是逆转。

思维不是地面上的树,一定要迎着阳光向上发展。我们千万不要被表面的现象蒙蔽了双眼,如果可以,遇到挫折的时候,我们可以想象一下地下树根的发展趋势。就如我们想象的一样,没有向上,它也可以让自己在泥土中长大。树冠有多大,树的根部就有多大!

任何时候,我们都不要被迎面而来的磨难吓倒,我们要相信:磨难也能创造奇迹。

面对险阻，停下来校正方向

我们面对阻力，面对苦难的时候，是不是可以先抛开我们现在面对的问题，而重新审视一下我们的将来。在通往未来的这段路上，能不能抛开这段我们不想要的旅途？

我们有自己习惯的思维，在成败得失之间，有我们习以为常的一个一套定论：什么是对的，什么是快乐的，什么是正确的，什么是成功的……

当现实的步伐在我们预定的轨道上搁浅时，面对强大的阻力，我们就会心惊，就会茫然失措：冲过去，与强大的阻力同归于尽，还是默默回头，选择放弃？

我们纠结在自己的思绪中，反而忽略了一个至关重要的问题：我们设想的将来，我们想要的将来，一定就在阻力之后吗？

我们面对阻力，面对苦难的时候，是不是可以先抛开我们现在面对的问题，重新审视一下我们的将来。在通往未来的这段路上，能不能抛开这段我们不想要的旅途？

有这么一个故事。

国王要从两名优秀武将之间选拔一位大将军。他指着王宫旁的悬崖，说："谁能从底下爬上来，返回王宫，谁就担任大将军。"

于是，一行人来到悬崖下，发现那悬崖高耸陡峭，寸草不生，遍布碎石。

第一名武将利落地跃上悬崖，只往上登了几步，马上就滑了下来。他不死心，更用力地往上攀，但一脚踩空，整个人就滚了下来，摔得鼻青脸肿。

第二名武将缓缓地往悬崖上爬，很快也累得气喘吁吁。这时，他低头往下看了看，像在思索着什么。接着，他竟爬下悬崖，拍拍身上的尘土，头也不回地走了。

旁观的人都非常诧异，不知他为何放弃了挑战，只有国王静默不语。

最后，国王带着众人走大路回到了在悬崖上的王宫里。

过了一会儿，只见第二名武将哼着小曲，轻轻松松地出现在王宫前。

国王问："你是怎么上来的？"

武将说："我刚刚站在悬崖脚下，看到底下有一条蜿蜒的小溪，恰好从王宫的方向流下来的。于是，我便沿着溪谷，一路走了上来。"

围观的文武百官都准备看好戏，认为国王一定会重重地惩罚这名武将。

不料，国王却开口说："遇到困难时低头看，就能发现另一条往上爬的道路。能前进，也能后退，这才是理想大将军的人选啊！"

迎着困难而上的是英雄，但如果可以迂回而上，我们为什么要做那个摔得鼻青脸肿的英雄呢？有的时候，选择回避困难也是一种智慧。

我们不是超人，遇到困难的时候，不可能所向披靡，不可能随时满血复活。我们要有审时度势的智慧，既然鸡蛋砸不过石头，为什么还要不管不顾地往石头上撞呢？我们完全可以无视挑衅，要么绕过去，要么韬光养晦、养精蓄锐，在没有必要除去它之前，要允许它的存在。

一个人快乐不是因为压力不存在，而是在于如何去看待这份压力。你视压力不存在，压力就会不存在；你视压力强大无比，强大无比的压力一定会压得你喘不过气来。

唐朝的药山惟俨禅师是山西绛州人，俗姓韩，17岁出家，严持戒律，博通经纶。

后来，他住在澧州药山，广开法筵，四众云集，大振宗风。

一位禅僧问药山惟俨禅师："一个人参禅学道如何不被外境所惑？"

禅师说："随它去，不去理会它。"

禅僧叹了口气，说："虽不理它，但它前来骚扰，无法抵抗，如何是好？"

禅师说："鼓起勇气，还是不理它！"

禅僧接着又问："纵有勇气，但外境围绕在身旁不肯去，每日总有很大的压力，依旧难以抵御。"

药山惟俨禅师淡然地说："那你只好随它去了。"

每个人每天都会处在各种各样的压力之下，选择被压力击垮，还是选择击垮压力？每个人都有各种理由忧伤，让忧伤吞噬自己的快乐，还是让快乐击败自己的忧伤？这些都可以随着主观而改变。如果不想随它去，那么我们就要学会不去理会它。

在简单与复杂之间，在接受与放弃之间，在快乐与痛苦之间，在幸福与懊恼之间，我们需要能让自己放松的一种情绪，具有积极的情绪能铸就快乐的自己！快乐就是这么简单的事。

离开了火种，也要让自己燃烧

再难的困境，我们都不要给自己找理由退缩。我们要找的不是理由，而是激情。离开火种，我们也要学会让自己燃烧！

每个人都希望伸手就可以触摸到自己的理想和幸福；每个人都愿意花最少的精力获取最大限度的成功。

但是，又有几个人可以轻易抓住想要的一切呢？

这就是现实。现实告诉我们，在通往理想的道路上，困难比我们想象的要多得多；现实告诉我们，哭不能解决任何问题；现实告诉我们，想成功，就是再苦再累，都得坚持下去；现实告诉我们，要么让希望不停地点燃自己的激情，要么让挫败把自己的激情化为灰烬……

既然我们不能回避现实的残酷，那么就得学会坦然接纳。不是接纳失败、认同命运，而是接纳我们需要面对的困难，用我们强大的意志力攻克过去。

这不是简单的事情，却是我们必须做的事情。

一位秀才几次参加科举考试均落榜。他心灰意冷，决定不再参加考试了。这让家里人很着急。一天，大师路过秀才家，家人急忙请求大师对秀才加以劝慰，化解他那颗绝望的心，让他重新振作起来。

大师来到秀才的房间，见秀才坐在火炉旁边发呆。他走上前，对秀才说："你为何不愿再参加科考？""我几次科举不第，早已心灰意冷。"秀才对大师说。大师无言，环顾四周，看见一盆水，便端起水对秀才说："施主，我用生命担保，如果你能让水飞起来，我定会助你科举中第。"秀才眼前一亮，问大师的话可否当真。大师当场表示不是玩笑。秀才立即对大师说，明天告诉他最佳答案。

大师走后，秀才看着那盆水，思考整夜，想到了几个答案。

第二天，大师又来，问秀才何以让水飞起来。秀才端起水盆泼向空中，水便飞了起来，可是，大师并不认可这个答案。秀才又说把水装进水袋，然后挂在风筝上，水便可飞起来……大师对这答案也不满意，认为这些答案都不妥，水很快就会掉下来。

秀才彻底失望了，对大师说找不到最佳答案。

大师拉着他的手进到屋内，拿起水壶装了些水，然后把水壶放在火炉上面。不一会儿，水壶里的水开了。看着腾腾上升的水汽，大师笑着对秀才说："你看，水已经飞起来了。"秀才顿时愣在了那里。

"对你来说，水飞起来是奇迹。但这个奇迹的发生是有条件的，它的内心必须滚烫发热。你的科考之路也一样，必须始终保持一股热忱，保持一颗滚烫的心，奇迹才能发生。"大师对秀才说。

秀才顿时明白了一切。

一个人失败不是没有原因的。虽然不排斥有一定的外因，但是我们不能把这些原因完全地归之于此。我们更要考虑的是自己——我做了什么，我还有什么没有做？我的弱点在什么地方？我能不能化弱为强？

然而，我们习惯于在失败来临的时候，为自己开脱，找这些或那些理由，但是，这些理由对我们的人生有什么帮助呢？

那只是获取别人同情自己的一种借口，不会给自己带来任何一点积极的正能量。相反，在自己的暗示下，我们只会觉得自己很委屈，越想越委屈，直到最后激情不再，不求上进，自我放逐。

所以，再难的困境，我们都不要给自己找理由退缩。我们要找的不是理由，而是激情。离开火种，我们也要学会让自己燃烧！

在犹太商人中流传着这样一个幽默故事：有3个人要被关进监狱，刑期是3年，监狱长给他们3人一人一个要求。美国人爱抽雪茄，要了3箱雪茄；法国人最浪漫，要了一个美丽的女子相伴；而犹太人说他要一部与外界沟通的电话。

3年过后，第一个冲出来的是美国人，嘴里塞满了雪茄，大喊道："给我火，给我火！"原来，他忘了要火。

接着，出来的是法国人，只见他手里抱着一个小孩子，美丽女子手里牵着一个小孩子，肚子里还怀着第三个孩子。

最后出来的是犹太人。他紧紧地握住监狱长的手，说："这3年来我每天与外界联系，我的生意不但没有停顿，反而增长了200%。为了表示感谢，我送你一辆劳斯莱斯！"

什么样的选择决定什么样的生活。今天的生活是由3年前我们的选择决定的，而今天的选择将决定我们3年后的生活。

这是一个幽默故事，但这个故事说明了一个道理：什么样的选择决定什么样的生活。

如果我们的心是充满激情的，那么迟早有一天我们的生活会火热澎湃起来；如果我们的心率先冰冷了，迎接我们的就只有冰冷的失败。所以，任何时候，我们都不能让自己的心冷下来。

撑起伞就是一片晴空

> 任何时候，即便面对的问题很难解决，我们也要在困难中找寻能让自己快乐的光亮。那就是希望，乐观的心态赋予我们的希望。

一个人快乐的时候，看什么都是快乐的；一个人忧伤的时候，看什么都是忧伤的。

其实，我们仔细想想，天还是这个天，环境还是这个环境，为什么不同的心情在面对相同的环境时可以品出不同滋味呢？

这说明，人是主观意识很强的一种动物，太过于重视自己的感觉、自己的想法，从而忽略了外因的本质。

我们是不是可以反过来思考一个问题：本质既然放在那了，相同的本质既然可以同时品出好心情和坏心情，我们是不是可以从积极的方面考虑某些问题？问题简单了，压力小了，心情也就好了，心情好了，看问题的时候，也就积极了，再难的问题也变得简单了。

这就是所谓的良性循环和恶性循环。我们乐观地看待问题，问题就不是问题；相反，我们悲观地看待问题，问题就会让我们更悲观，从而造成更大的问题。

有一个快乐的农夫，每天早晨都迫不及待地向新的一天问好：

"上帝，早上好！"他的邻居是一个心事重重的农妇，每天的问候语与他的类似："上帝，早上好吗？"

又一个阳光明媚的早晨，他欣喜地叫道："多么明朗的天空！""是的。"她回应道，"但它同时也会带来炎热，我真担心会把农作物烤焦。"上午一阵雨过后，他说："真是一场及时雨，农作物可以开怀畅饮了！""但愿老天能见好就收，不然农作物可吃不消。"农妇忧心忡忡地说。"不必担心，别忘了，我们都买了洪水保险的。"农夫安慰道。

为了让邻居快乐起来，农夫费尽周折弄来了一条德国犬，特意请她观赏精彩表演。

"把木棍取回来！"农夫把木棍扔进湖里，大声命令。德国犬立即向湖边跑去。它在湖中上下翻腾着，一会儿浮出水面，一会儿沉入湖底，没多久就口衔木棍回到了主人身边。农夫兴高采烈地问："这家伙表演得还可以吧？"农妇手捂胸口，眉头紧皱地说："我都快揪心死了！生怕它淹死！"农夫无语了。

生活中，总有一些人，整天快快乐乐，烦恼似乎永远找不到他的家门；也总有另外一些人，天天愁云密布、眉头不展，烦忧之事似乎成了他们的家中常客。快乐还是忧伤，自然有各种各样的现实原因，但最根本的原因只有一个：你的心态。

其实，面对相同问题的时候，每个人都有权利去选择——去选择做快乐的农夫还是做悲观的农妇。

生活不易，但是不易的生活再加上悲观的包袱，那就不是不易，而是完全没有光亮。任何时候，即便面对的问题很难解决，我们也要在困难中找寻能让自己快乐的光亮。那就是希望，乐观的心态赋予我们的希望。

很久以前，在一个遥远的小村庄里，有一个被称为"千镜屋"的地方。

一只快乐的小狗听说了这个地方后，就前去参观。来到这个地方的时候，它欢快地蹦跳着上了台阶，来到房门口。它高高地竖起耳朵，欢快地摇着尾巴，从门口往里张望。令它大为惊讶的是，它发现有1000只欢乐的小狗也在像它一样快速地摇着尾巴。它灿烂地微笑着，回报它的是1000张热情友好的笑脸。离开房屋时，它心想："这真是一个奇妙的地方，以后我一定要经常来参观。"

在同一个村子里还有另一只小狗，它也想参观"千镜屋"。它可远不及第一只小狗那么快活。它慢吞吞地爬上台阶，然后耷拉着脑袋往里看。它看到有1000只小狗不友好地盯着它，它冲它们狂吠。镜中的1000只小狗也冲着它狂吠，把它吓坏了。离开时，它心想："这真是个恐怖的地方，我再也不会来了。"

世界上所有人的脸都是镜子。在你遇见的人的脸上，你看到反射出来的是什么呢？你希望他们的脸上反射出来什么？这关键要看你以什么表情去看。

我听过一句话：我们无法改变天气，但我们可以改变心情；我们无法改变别人，但可以改变自己。下雨怕什么？撑起伞就是一片晴空。我们要做的是，保持脸上的笑容，等待这场雨过去。

什么都不愿意放弃,才是最大的失去

> 任何时候,我们都要有一个明确的目标:我想要什么,我的底线是什么,我能舍去什么。什么都抓紧,什么都不愿意放弃,可能是最大的失去。

很多时候,我们不快乐不是因为我们拥有得少,而是因为拥有的太多。我们拥有了甜蜜的爱情,就担心爱情被人窥探,有人会抢走自己最爱的人;我们拥有了大笔的财产,就开始担心对我们友善的人是不是另有目的,他们会不会有不良的想法?

我们的手就会越握越紧,想抓牢爱情,想抓住财产……却不想,快乐就此和我们错开。

背道而驰不是我们的初衷,我们只是用错了方式。

幸福不是靠"抓",而是靠"留"。

曾经有一段时间,我的事业和家庭都遇到了麻烦,嫉妒、浮躁、忧虑整日困扰着我。一个朋友看着我沮丧的样子很着急,于是告诉我去附近山上一座禅院找住持无智禅师帮忙开解一下。

在禅房里,面对慈祥、超然的无智禅师,我一股脑儿地倒出了自己的困惑和烦恼。无智禅师笑了笑,伸出右手,握成拳头:"你试试看。"我照做。"再握得紧一些,再紧一些!"于是,我把拳头握得越来越紧，指头几乎攥进手心了。

"感觉如何？"他慈祥地问我。

我茫然地摇了摇头。

"把拳头伸开。"我舒开手掌。无智禅师拿起桌上的一枚青枣和一片玻璃碎片放在我的手中，说："握紧。"我把青枣和碎片握在手心。"握紧一些再紧一些。""不行了，禅师，我的手都快要被割破了。"我感到手掌的疼痛。这时，无智禅师突然喝道："那你还不赶快把拳头松开！"

我吓了一跳，舒开手掌，看着手掌有些微红的硌痕，碎片已经扎到青枣里了。

无智禅师望着我，说："现在，把碎片取出来，丢掉吧。"

把碎片取出来！无智禅师的话，真是醍醐灌顶。这青枣就好比我的事业和生活，而这碎片就是生活中困扰着我的嫉妒、浮躁、忧虑……

无智禅师看着我的表情，笑了笑，说："看来施主已经有所了悟。生活中的事就好像这青枣和玻璃碎片。如果你什么都不取，空握着拳头，即使使出再大的力气，也是一无所获，这叫徒劳无功。青枣就像你生活中一切美好的事物，而碎片就是困扰你的烦恼，我们在做事时难免要产生烦恼。你将它们握得太紧，必然要伤到自己，握得越紧对你的伤害也就越大。要记得及时将青枣中的碎片取出来丢掉啊！"

看着青枣与碎片，听了无智禅师一席话，我豁然开朗。

我们应该学会分辨身边的事哪些是青枣，哪些是碎片，并能及时地取出青枣中的碎片，把握住我们应该抓住的，放下应该丢掉的。

也许说来容易做来难，但我们总要有勇气去做，不是吗？

生活就是这个样子，幸福不是你获取得越多，幸福就会越多。相反，适度地放松，适度地剔除那些影响幸福的小节，才能让幸福源远流长地持续下去。

这是发生在英国的一个真实的故事。

有位孤独的老人，无儿无女，又体弱多病。他决定搬到养老院去。

老人宣布出售他漂亮的住宅。购买者闻讯，蜂拥而至。住宅底价8万英镑，但人们很快将它炒到了10万英镑。价钱还在不断攀升。老人深陷在沙发里，满目忧郁，如果不是健康情形不行，他是不会卖掉这栋陪他度过大半生的住宅的。

一个衣着朴素的青年来到老人眼前，弯下腰，低声说："先生，我也好想买这栋住宅，可我只有1万英镑。如果您把住宅卖给我，我保证会让您依旧生活在这里，和我一起喝茶、读报、散步、天天都快快乐乐的——相信我，我会用整颗心来照顾您！"

老人颔首微笑，把住宅以1万英镑的价钱卖给了他。

我们都看到了青年的幸运，却忽视了老人的幸运。一个无儿无女、体弱多病的老人，一个不得不放弃自己的生活了大半辈子的房子，以为必须在养老院寿终正寝的老人，却意外地可以留在老宅，有人照顾。这是何等的幸运啊！

他的幸运又是如何而来的呢？是果断地舍去，他舍去了金钱的诱惑。

与幸福比起来，钱又算得了什么呢？所以，任何时候，我们都要有一个明确的目标：我想要什么，我的底线是什么，我能舍去什么。什么都抓紧，什么都不愿意放弃，可能才是最大的失去。这不是假装大度，这么做，仅仅是因为松开手才能快乐。

时间不会许诺未来,请珍惜现在

在人生的路上,最重要的不是最后的成功,而是在每一时刻我们都能正确评估自己的能力,因此可以理直气壮地说:我没有贬值。

每个人有自己的理想。那是经过时间积累下来的,有自己的感悟,也有别人带给我们的刺激。一开始,我们总以为只要自己认真去做,理想就一定会实现。但随着时间的推移,我们突然发现,时间不会许诺我们未来,从前规划的未来,只是自己的一场梦。

这是一场悲伤的感悟。

我们重新再审视自己时,忽然发现,当年的自己是多么幼稚,现在的自己是多么不堪。有人说,这就是成长,成长意味着失去,不经意间我们就失去了曾经的梦。

我们失去的难道仅仅是梦?当真失去了我们的梦?其实,事实不是这样的,正因为梦的存在,我们才重视今日的成果,才会失望。如果当真放弃了梦想,我们有必要那么痛苦、那么绝望吗?

我们失去的不只是梦,而是对自己的信心。明明是同一个人,明明心系的是同一个理想,明明日复一日地在努力,我们当初满腹的抱负、激情洋溢的信心为什么会渐渐消失殆尽?

我们来看看这个故事：

在一次研讨会上，一位著名的演说家没讲一句开场白，手里只是高举起一张20美元的钞票，面对会议室里的200个人，问："谁要这20美元？"

一只只手举了起来。他接着又说："我打算把这20美元送给你们中的一位，但在这之前请允许我做一件事。"说着，他将钞票揉成一团，然后问："谁还要？"仍有人举起手来。他又把钞票扔到地上，又踏上一只脚，并且用脚碾它。而后，他拾起钞票，钞票已变得又脏又皱。"现在谁还要？"还是有人举起手。

"朋友们，你们已经上了一堂很有意义的课。无论我如何对待那张钞票，你们还是想要它，因为它并没有贬值，它依旧值20美元。"

人生路上，我们会无数次被自己的决定或碰到的逆境击倒，甚至被碾得粉身碎骨。但是，无论发生什么，我们永远不会丧失价值。生命的价值不因我们身份的高低而改变，也不仰仗我们结交的人物，而是取决于我们自身！永远不要忘记这一点！

这个故事的总结相当好：心若改变，你的态度跟着改变；态度改变，你的习惯跟着改变；习惯改变，你的性格跟着改变；性格改变，你的人生也跟着改变。

"我"其实一直是那个"我"，因为沾了灰尘，因为被人唾弃，我们就会慢慢忽视自己闪亮的点，把自己看低、看贱。

在人生的路上，最重要的不是最后的成功，而是在每一时刻我们都能正确评估自己的能力，因此可以理直气壮地说：我没有贬值。